LaLaDress

LaLa Dress

LaLaDress

設計師媽咪親手作

可愛小女孩的
日常&外出服

鳥巢彩子◎著

序

先對購買這本書的讀者們，致上深深的感謝。

我在9年前創立了嬰兒＆兒童服品牌LaLaDress。

當初在照顧小孩時，

常常利用午休時間製作服裝，而開始有了這個念頭。

因為這是在照顧小孩時，

閒暇之餘最療癒又開心的娛樂時間，

完成時更是無法言喻的感動！

就這樣一件又一件的製作中，

我也開始夢想其他小孩也能穿上我所製作的兒童服。

從這個原點「如果我可以回到兒時時光，

LaLaLa……想要穿上讓我雀躍不已的款式！」

因此成立了LaLaDress這個品牌，

這9年間依然沉浸在這些光看就超級可愛的兒童服魅力之中。

希望這本書可以帶給大家愉快的氛圍，

並將這份幸福傳達給各位讀者，就是我最大的心願了。

請一起作出世界上獨一無二，

屬於自己小孩的衣裳吧！

鳥巢彩子

LaLaDress的手作初衷

LaLaDress著重在穿著舒適且可愛的款式。

適度寬鬆的舒服線條,卻又帶著正式感的優雅設計。

另外關於本書款式的縫製,

避開了麻煩的釦子設計或易失敗的釦孔製作,

是一本充滿我多年製作經驗的手作書。

正面乍看簡單的設計,背面則有講究的剪接細褶設計,方便行動。

後領圍為鬆緊帶設計,搭配暗釦的簡單縫製。不會鉤住長長的頭髮、穿脫也很便利。

短裙內襯褲的縫份朝向外側,不會刺激小孩柔軟的肌膚。

CONTENTS

關於原寸紙型

本書附有2張原寸紙型。

請參考P.41「原寸紙型使用方法」

描繪至其他紙張上使用。

刊載作品和模特兒尺寸

刊載作品均可以90‧100‧110‧120‧130‧140‧150cm
共7種尺寸來製作。
參考以下模特兒身高，
穿搭的則是全採110cm尺寸。

Emma　107cm

Keila　108cm

Riona　109cm

圓形剪接＋
可愛荷葉邊連身裙

圓形剪接片搭配可愛的荷葉邊設計。下襬
也有大量細褶設計，最適合外出穿搭。

製作方法_P.42

1

布料／sewing supporter Rick Rack
暗釦／清原

4

剪接搭配可愛的荷葉邊，讓人印象
深刻。具有飄逸感且更顯清爽，觸
感相當舒適又時尚的連身裙。

製作方法_P.42

2

布料／布地のお店Solpano
暗釦／清原

燈籠袖搭配圓形剪接的可愛上衣

A字形傘狀上衣，燈籠袖和圓形剪接
的組合，更增添小女孩原有的俏皮
感。使用清爽薄荷色的蕾絲布素材。

製作方法_P.46

3

布料・暗釦／清原

涼鞋／POMPKINS（Mastplanning）
＊褲裙為P.29的27號款式

將P.6款式的下襬縫上鬆緊帶，
馬上給人不同的印象。不論搭配
什麼款式都很百搭！

製作方法_P.46

4

布料／ヨーロッパ服地のひでき
暗釦／清原

裙子／KP（knitplanner）

洗練的V領連身裙

前方加入褶襉設計，呈現美麗
的傘狀輪廓，搭配小V領設計，
展現小小的成熟大人氛圍。荷
葉邊袖子增添華麗感。

製作方法_P.50

5

布料‧暗鈕／清原

6

7

布料／清原

蝴蝶結鬆緊帶髮圈＆
托特包

利用多餘的布料，製作了荷葉邊設計
的包包和蝴蝶結髮圈。作成稍大尺寸
的款式，也很適合媽媽使用。母女使
用同種布料，是不是很有趣呢？

製作方法_P.88

8

荷葉肩帶的
時尚連身裙和上衣

鬆緊帶設計的肩繩，非常方便穿
脫又俐落。不論單穿或當成內搭
都很好看。

製作方法_P.56

布料／布地のお店Solpano

帽子／Trois lapins（knitplanner）

縮短P.10連身裙的長度，變成荷葉肩
帶背心。加上小蝴蝶結裝飾，營造出
隨興的氛圍。

製作方法_P.56

9

布料／布地のお店Solpano

裙子／Trois lapins（knitplanner）

素雅的A字形連身裙

基本款連身裙，更可以突顯布料的質感。選擇一款美麗印花或高雅素材試試看吧！

製作方法_P.58

非常搶眼的鮮豔花卉圖案。

布料／LIBERTY FABRICS
暗釦／清原
鞋子／SAYANG

使用令人印象深刻的深紅色亞麻布。

11

布料・尼龍暗釦／清原

飄逸的荷葉邊上衣

荷葉邊選擇素面或條紋布，更可
以突顯設計重點。或採用蕾絲布
也很好看！

製作方法_P.53

12

布料／布地のお店Solpano
暗釦／清原

＊裙子為P.32的30號款式

後領圍加入了鬆緊帶，穿脫時很方便。紙型的數量不多，製作相對簡單，也很適合替換各種布料呈現不同風格。

製作方法_P.70

13

布料／sewing supporter Rick Rack（Jewel）

帽子／kp DECO（knitplanner）
鞋子／POMPKINS（Mastplanning）
＊褲子為P.31的29號款式

細褶剪接上衣

14

布料／sewing supporter RickRack (さくらんぼ)
暗釦／清原

褲子／Trois lapins（knitplanner）
鞋子／SAYANG

15

運用12與13款式的連身裙紙型，
製作成剪接上衣。14採用童話風
格的櫻桃圖案，15號則拼接兩種
布料製作。

製作方法_P.62

布料／布地のお店Solpano
暗釦／清原

裙子／KP・包包／kpDECO（knitplanner）
鞋子／SAYANG

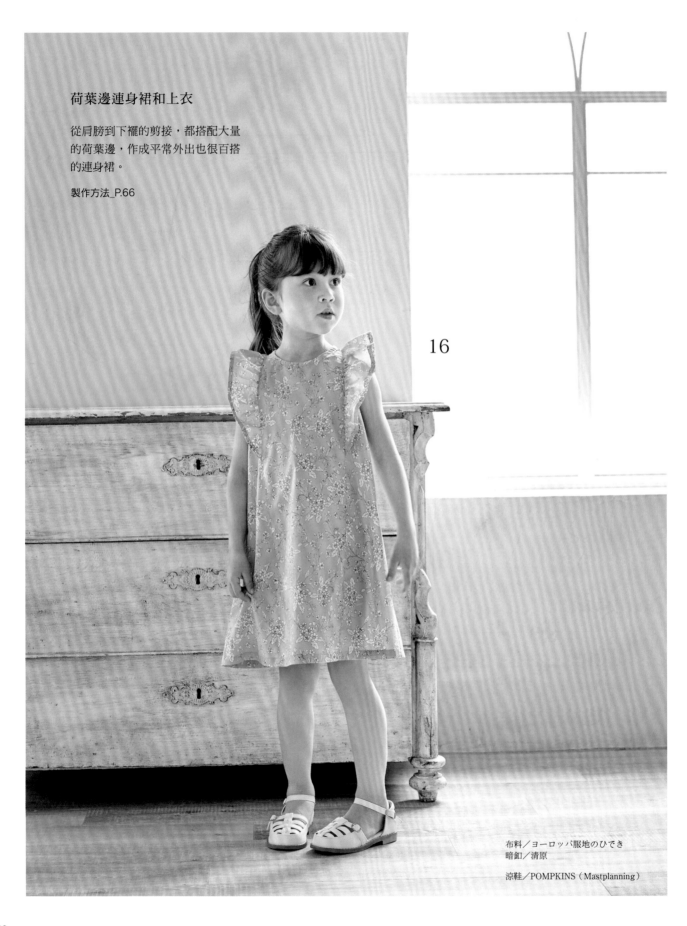

荷葉邊連身裙和上衣

從肩膀到下襬的剪接，都搭配大量
的荷葉邊，作成平常外出也很百搭
的連身裙。

製作方法_P.66

16

布料／ヨーロッパ服地のひでき
暗釦／清原

涼鞋／POMPKINS（Mastplanning）

將P.18連身裙改成短版上衣。荷葉邊採用
輕柔的蕾絲布，給人高雅的印象。

製作方法_P.66

布料・暗釦／清原
蕾絲／SHINDO

＊裙子為P.26的24號款式

18

繭型俏皮連身裙

布料／布地のお店Solpano

涼鞋／kp DECO（knitplanner）

寬鬆的下襬兩側，加上鬆緊帶設計，就變成了繭型連身裙。可以搭配粗條紋或成熟的圓點圖案等，非常適合運用簡單的印花布料來製作。

製作方法_P.78

布料／ヨーロッパ服地のひでき

帽子／LaLaDress（dot.design）
鞋子／SAYANG

19

腰圍剪接連身裙

20

寬鬆的鬆緊帶腰圍設計，展現小大人的成
熟。20號款式選用水藍色及白色條紋布，
感覺很清爽。21號款式則是上下混搭不同
布料，看起來也很率性。

製作方法_P.74

布料／布地のお店Solpano

21

布料／布地のお店Solpano

帽子／LaLaDress（dot.design）

23

小小燈籠袖上衣

小小燈籠袖，看起來很惹人憐愛的上衣。
縫製簡單的設計，穿脫時很方便。一口氣
作出幾款，穿搭更方便喔！

製作方法_P.70

布料／布地のお店Solpano

褲子／KP（knitplanner）　鞋子／SAYANG

23

布料／清原　蝴蝶結圖案／SHINDO

鞋子／kpDECO（knitplanner）
襪子／POMPKINS（Mastplanning）

花紋蕾絲布料很可愛。

布料／布地のお店Solpano

帽子／LaLaDress（dot.design）
T恤／KP（knitplanner）

穿搭便利、
適合盡情遊玩的褲裙

寬鬆的傘狀裙內搭襯褲，讓人
很安心。內層褲子縫份在外
側，讓肌膚也很舒適。

製作方法_P.81

裙子內加上安全褲設計。

非常時尚的黑白系列格紋布。

25

和P.17的15號上衣搭配，
變身為時尚的套裝。

布料／清原

T恤／KP（knitplanner）
襪子／POMPKINS（Mastplanning）

附袋蓋口袋的傘狀褲裙

26

布料／清原

T恤／KP（knitplanner）
涼鞋／POMPKINS（Mastplanning）

像裙子般的傘狀褲裙，是可愛
又方便搭配的單品。俏皮的口
袋袋蓋設計，配上自己喜歡的
釦子，顯得更有個性。

製作方法_P.84

27

布料／布地のお店Solpano
T恤／KP
鞋子／kpDECO皆為（knitplanner）

基本款短褲

28

布料／清原

T恤／POMPKINS（Mastplanning）
鞋子／SAYANG

涼爽活潑的褶襉短褲，製作簡
單，利用多種顏色製作多款搭
配造型吧！

製作方法_P.86

29

布料／清原

T恤／KP（knitplanner）

百搭兩面穿搭裙

印花布料搭配素色丹寧布，各自展現
不同魅力的兩面穿搭裙。製作方法也
很輕鬆，請參考P.36圖片解說，並試
著作作看！

製作方法_P.36（圖片縫製解說）

30

花紋印花布作為正面，
展現女孩子甜蜜可人的一面。

布料／布地のお店Solpano
髮箍／kpDECO　T恤／KP皆為（knitplanner）
涼鞋／POMPKINS（Mastplanning）

以丹寧布作為正面時，
搭配運動鞋突顯休閒風。

運動鞋／kpDECO（knitplanner）

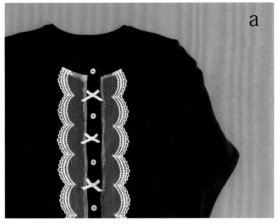

a：請準備罩衫前襟長度＋縫份2cm的蕾絲2條。邊端各自內摺1cm，沿著前襟手縫或車縫波浪狀以外部分。釦子之間縫上小蝴蝶結。

b：請準備罩衫領圍尺寸×1.7倍長度的蕾絲。邊端內摺1.5cm，抽拉領圍尺寸＋2cm長度的細褶。蕾絲兩端內摺1cm，各自沿著左右前襟車縫固定。細褶抽拉後沿領圍縫製固定。

創意大變身
改造二手衣的魔法

將日常穿著的衣服

添加一點創意進去，

就變身世界上獨一無二的款式。

多虧媽媽無限的創意，

帶給孩子更多笑容和美麗憶。

c：將小小蝴蝶結和珍珠均勻的縫上。

d：準備網紗6.5cm圓片6片，5cm圓片4片。各自對摺2次（不需摺疊的太整齊），尖的一端對齊中心重疊放置，中心手縫固定。整理花型固定至T恤上，可以縫上自己喜歡的釦子和裝飾品。

e：各自準備希望的長度＋2cm，2種寬度的細褶蕾絲，同一寬度蕾絲正面相對疊合，車縫不是波浪狀那一側後攤開。蕾絲如圖所示重疊，上下往內摺疊1cm縫至T恤上。再縫上小蝴蝶結。

工具和材料
方便製作的縫紉工具

1至6、8至19 為CLOVER商品。

1 穿繩器（長‧短2支一組）
…穿過鬆緊帶或繩子使用。

2 鬆緊帶穿繩器
…1.5cm以上寬度鬆緊帶使用。

3 紙鎮
…描繪紙型時，避免紙型移動使用的工具。

4 複寫紙
…布料作記號時，包夾於布料之間，搭配點線器使用。

5 描圖紙（捲筒）
…描繪製圖、製作紙型、描繪原寸紙型。

6 布剪
…裁剪布料時使用。

7 紙剪
…裁剪紙型時使用。

8 線剪
…裁剪縫線時使用。

9 拆線器
…拆除縫線時使用。

10 點線器（圓齒）
…搭配複寫紙於布料上作記號使用。

11 尖錐
…整理邊角，拆除縫線等使用。

12 珠針【絲針】
…對齊布料固定時使用。

13 手縫針
…手縫時使用。

14 針插
…放置縫針或珠針使用。

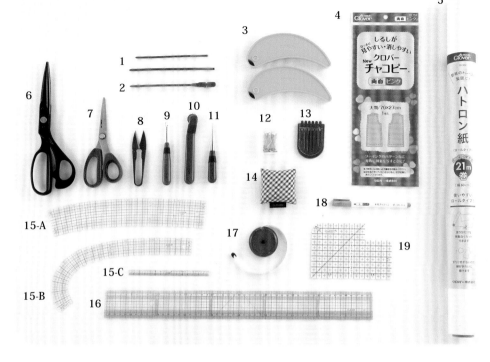

15 A至C曲線尺
…描繪領圍或袖襱弧線時使用，C曲線尺為測量細微尺寸時使用。

16 方格尺
…描繪製圖、縫份時使用。

17 捲尺
…測量尺寸或弧度時使用。

18 消失筆
…描繪合印記號時使用。

19 熨燙專用尺
…處理下襬或三摺邊等摺疊布料，或製作褶線時使用。

＊另外還須準備縫紉機‧熨斗‧燙馬。

塑膠暗釦

提供：清原

＊釦釘和凹釦‧釦釘和凸釦為1組。

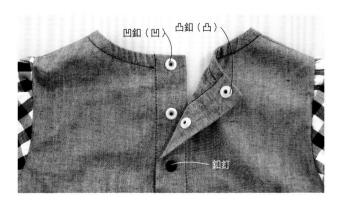

釦釘和凹釦

釦釘　　凹釦（凹）

釦釘和凸釦（凸）

釦釘　　凸釦

單位（cm）

材料	尺寸	90	100	110	120	130	140	150
表布（60 Lawn）	寬108cm	70	70	80	90	90	100	110
別布（先染丹寧布）	寬110cm	80	80	90	100	100	110	120
鬆緊帶（包含縫份2cm）	寬2.5cm	46	48	50	52	55	58	60

完成尺寸	尺寸	90	100	110	120	130	140	150
裙長（不包含腰帶）		24.5	27	30	33	36	40	44

【紙型數量和原寸紙型刊載頁面】

外層裙----------紙型B面 ㉚

內層裙----------紙型B面 ㉚

腰帶-------------紙型B面 ㉚

＊前後裙片相同

□ ＝原寸紙型

◆縫份…除指定處之外，縫份皆為1cm。

◆尺寸…從上至下為90・100・110・120・130・140・150cm尺寸

★＝「摺雙」位置展開布料裁剪

製作前的準備

＊裁剪布料，準備材料

＊背面描繪記號

1：前外層裙

2：後外層裙

3：前內層裙

4：後內層裙

5：腰帶

6：鬆緊帶

表布裁布圖

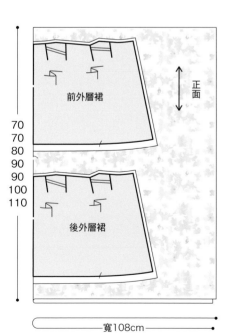

前外層裙

正面

70
70
80
90
90
100
110

後外層裙

寬108cm

別布裁布圖

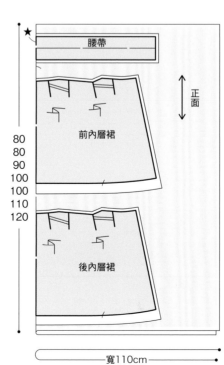

★

腰帶

前內層裙

正面

80
80
90
100
100
110
120

後內層裙

寬110cm

製作順序

＊前後相同

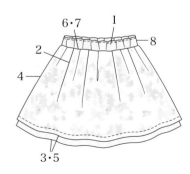

6・7　1
2
4
8
3・5

下襬縫份尺寸
外層裙2cm
內層裙3cm
請多加留意。

製作方法 ＊為了便於解說辨識，選用了顏色明顯的縫線。

1 製作腰帶

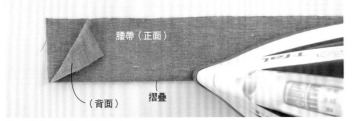

❶ 腰帶背面內摺，熨燙褶線。

熨燙完成

❷ 展開腰帶，預留鬆緊帶穿入口，車縫脇邊。

❸ 燙開縫份。

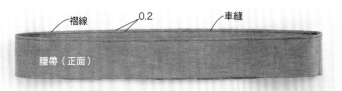

❹ 翻至正面對摺，沿褶線側車縫一圈。

車縫0.5cm

❺ 縫份側車縫一圈。

接縫裙片時縫份較牢固不易移動

2 摺疊褶襉

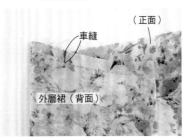

❶ 外層裙正面往內側摺疊褶襉，只車縫縫份。

接縫腰帶時縫份較牢固不易移動

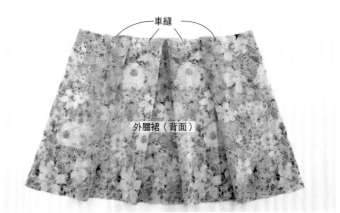

❷ 摺疊四個褶襉車縫。

❸ 內層裙正面往內側摺疊褶襉，只車縫縫份。

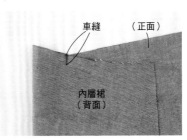

❹ 摺疊四個褶襉車縫。

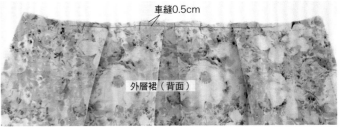

車縫0.5cm

❺ 避開外層裙褶襉，車縫縫份側。

37

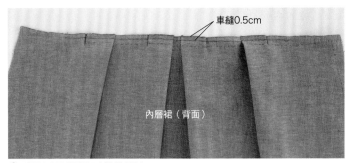

車縫0.5cm

內層裙（背面）

❻ 避開內層裙褶襉，車縫縫份側。

3　下襬熨燙褶線

外層裙（背面）

❶ 外層裙沿下襬線摺疊縫份2cm。

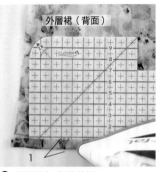

外層裙（背面）

❷ 展開褶線，摺疊縫份1cm。

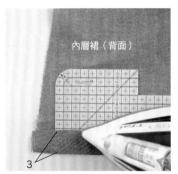

內層裙（背面）

❸ 內層裙沿下襬線摺疊縫份3cm。

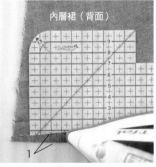

內層裙（背面）

❹ 展開褶線，摺疊縫份1cm。

4　車縫裙片脇線

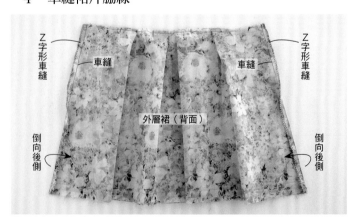

Z字形車縫　車縫　車縫　Z字形車縫

倒向後側　外層裙（背面）　倒向後側

❶ 外層裙正面相對疊合車縫脇線，縫份進行Z字形車縫。縫份倒向後側。

Z字形車縫　車縫　車縫　Z字形車縫

倒向後側　內層裙（背面）　倒向後側

❷ 內層裙正面相對疊合車縫脇線，縫份進行Z字形車縫。縫份倒向後側。

5　下襬線三摺邊車縫

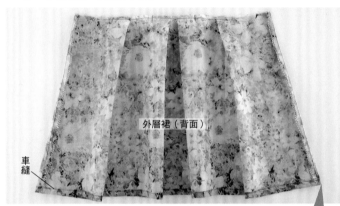

外層裙（背面）

車縫

❶ 外層裙下襬三摺邊車縫一圈。不需回針縫，從脇邊始縫點開始車縫至止縫點，重疊車縫。

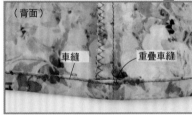

（背面）

車縫　重疊車縫

內層裙（背面）

車縫

❷ 內層裙下襬三摺邊車縫一圈。不需回針縫，從脇邊始縫點開始車縫至止縫點，重疊車縫。

（背面）

車縫　重疊車縫

6　內層裙和腰帶車縫

❶ 內層裙脇邊對齊腰帶穿入口縫線。

脇邊
鬆緊帶穿入口
內層裙（正面）
褶線側

0.8
車縫
腰帶（正面）
內層裙（正面）

❷ 車縫縫份側一圈。

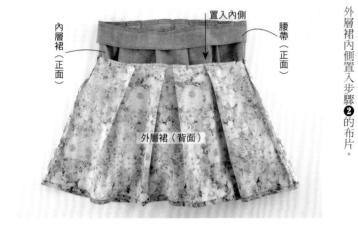

置入內側
內層裙（正面）
腰帶（正面）
外層裙（背面）

外層裙內側置入步驟❷的布片。

7　接縫外層裙和內層裙

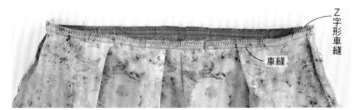

Z字形車縫
車縫

❶ 車縫腰帶位置。縫份進行Z字形車縫。

外層裙（正面）
反摺
腰帶褶線側
內層裙（正面）

❷ 從縫線反摺。

❸ 內層裙內側置入外層裙。

8　穿入鬆緊帶

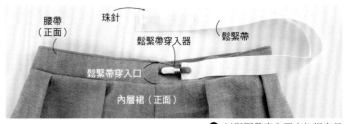

腰帶（正面）
珠針
鬆緊帶穿入器
鬆緊帶
鬆緊帶穿入口
內層裙（正面）

❶ 以鬆緊帶穿入器夾住規定長度的鬆緊帶，穿入鬆緊帶穿入口。

車縫
重疊2cm

❷ 繞過一圈，邊端重疊2cm車縫。

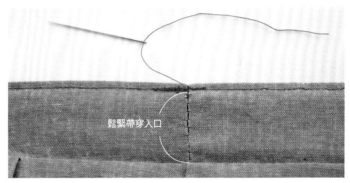

鬆緊帶穿入口

❸ 鬆緊帶穿入口進行藏針縫。

完成

外層裙（花紋圖案）正面

內層裙（丹寧）正面

掀開內層的樣子

在開始製作之前

尺寸表

單位為cm

部位＼身高尺寸	90	100	110	120	130	140	150
胸圍	48	52	56	60	64	68	76
腰圍	45	47.5	50.5	52	55	56.5	58
臀圍	54	58	61	63.5	67.5	73	82.5
股上	16.5	17	18	19	20	21	22.5
股下	32	38	43	49	55	61	69
頭圍	48	49	50	51	52	52.5	53.5

記號標示

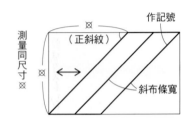

—————— 完成線（粗指示線）

—————— 縫份線（細指示線）

— — — — 摺雙線・褶線

-·-·-·-·- 車縫線・壓線

- - - - - - 布紋線（箭頭方向代表直布紋）

↔ 布紋線（箭頭方向代表直布紋）

＋ 暗釦・釦子

褶襉摺疊方向
（斜線高往低方向摺疊）

關於裁布圖

◆本書原寸紙型未附縫份。

參考製作頁面的「裁布圖」製作紙型，裁剪布料。

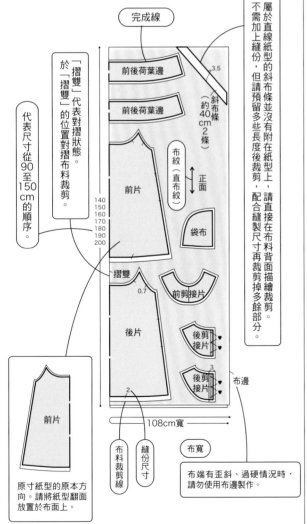

關於斜布條

◆斜布條裁剪方法

● 和布紋呈45°裁剪的布稱為斜布條。
依需要的長度，有時需要接縫。

● 準備比使用量長4到5cm的斜布條，
在接縫成所需尺寸後再將多餘部分
剪掉。

◆接縫斜布條時

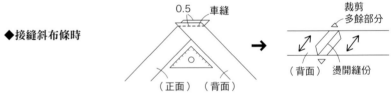

◆斜布條製作方法・接縫方法

● 二層對摺時＊普通及薄素材

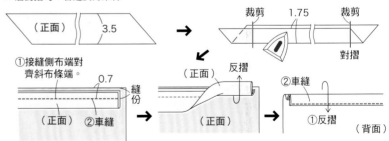

● 一層摺疊邊端＊厚布料

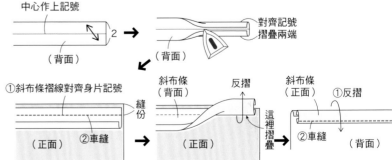

原寸紙型使用方法

1 描繪於紙張時

◆請確認想要製作作品號碼所使用的標示線，及紙型片數。
◆請使用紙張描繪。描繪方法如下圖，有兩種方法，請選擇適合自己的方式。
◆「合印記號」、「縫製位置」、「布紋（布料方向）」、「細褶止點」等各種記號都必須標示，紙型名稱也須寫上。
◆暗釦位置刊載在製作頁面內，請依長度均等分布需要的暗釦數量。

以不透明紙張描繪時

將紙放置於紙型上，中間包夾複寫紙，以點線器描繪。

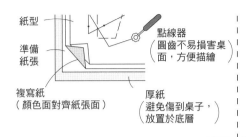

紙型
準備紙張
複寫紙（顏色面對齊紙張面）
厚紙（避免傷到桌子，放置於底層）
點線器（圓齒不易損害桌面，方便描繪）

半透明紙張

紙型上放置半透明紙張，以鉛筆描繪。

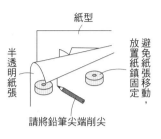

紙型
半透明紙張
避免紙張移動，放置紙鎮固定
請將鉛筆尖端削尖

2 紙型製作方法

◆紙型未附縫份，依製作頁面指示加上縫份。
◆接縫時，縫份寬度需一致。
◆描繪縫份時和完成線平行畫記。
◆描繪邊角縫份時，請預留空白處，縫份摺疊後裁剪，避免縫份不足。
◆依據布料素材（厚度・伸展度）其開叉位置、縫製方法等的縫份寬度會有所改變。

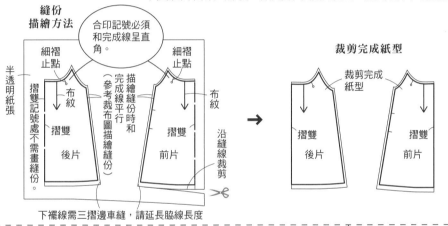

縫份描繪方法

合印記號必須和完成線呈直角。

半透明紙張
摺雙記號處不需畫縫份。
細褶止點
布紋
摺雙 後片
描繪縫份時和完成線平行（參考裁布圖描繪縫份）
細褶止點
布紋
摺雙 前片
沿縫線裁剪

下襬線需三摺邊車縫，請延長脇線長度

裁剪完成紙型

裁剪完成紙型
摺雙 後片
摺雙 前片

從中心打開紙型裁剪時，留意左右必須對稱開展，避免移動，方便裁剪。

打開紙型

前剪接片
摺雙

邊角縫份描繪方法

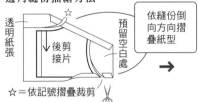

透明紙張
後剪接片
☆
預留空白處
依縫份倒向方向摺疊紙型

後剪接片
展開後畫上縫份角度

☆＝依記號摺疊裁剪

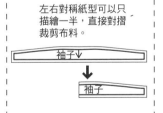

左右對稱紙型可以只描繪一半，直接對摺裁剪布料。

袖子↓
↓
袖子

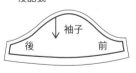

袖子紙型有分前後側，請於描繪時務必寫上前後記號。

↓ 袖子
後　　前

3 紙型放置於布料上側，裁剪布料

◆紙型放置於布料上側，放置時須留意布料摺疊方法、布紋方向等。
◆不同於紙型刊載的方向，有些部分需翻至布料背面裁剪，請確認裁布圖指示再行裁剪。

如果家裡沒有大桌子，請移到較寬闊的平台裁剪。

一開始先放置所有紙型，考慮適當的位置。

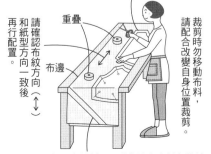

再行配置
請確認布紋方向和紙型方向一致後
重疊
布邊
裁剪時勿移動布料，請配合改變自身位置裁剪。

未附部分直線紙型，請直接在布料上裁剪。

單位（cm）

材料	尺寸	90	100	110	120	130	140	150
表布（棉Lawn）	105cm寬	140	150	160	170	180	190	200
No.2表布（棉麻Chambray）	108cm寬	140	150	160	170	180	190	200
黏著襯	10cm寬	20	20	20	20	20	20	20
塑膠暗釦	直徑0.9cm	3組	3組	3組	3組	3組	3組	3組

完成尺寸	尺寸	90	100	110	120	130	140	150
衣長		52.5	57.5	62.5	68	74	80.5	87

【紙型數量和原寸紙型刊載頁面】

前片 ---------------- 紙型 B面①・②
後片 ---------------- 紙型 B面①・②
袋布 ---------------- 紙型 B面①・②
前剪接片 ---------- 紙型 B面①・②
後剪接片 ---------- 紙型 B面①・②
前後荷葉邊 ------- 紙型 B面①・②
前後下襬荷葉邊 - 紙型 B面①

＊未附部分直線紙型，請直接在布料
　上裁剪。
＊準備長一點的斜布條，配合各布料
　尺寸裁剪多餘部分。

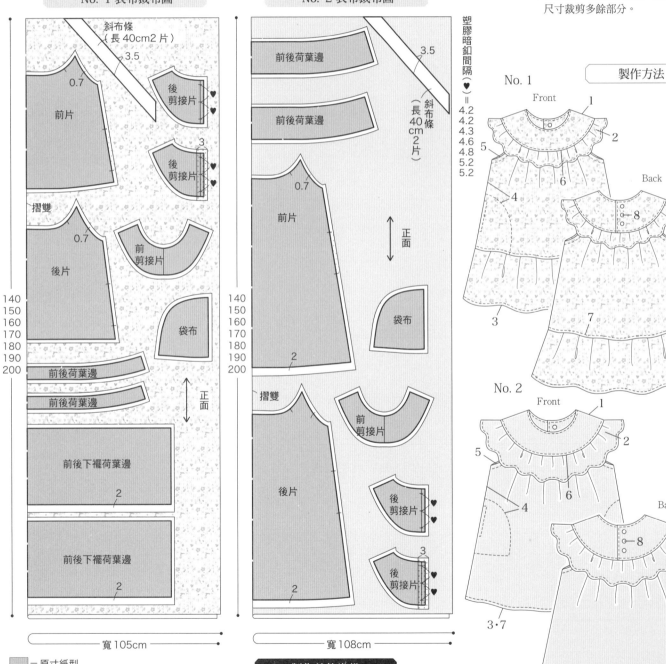

No.1 表布裁布圖
No.2 表布裁布圖

製作方法

No.1
Front
Back

No.2
Front
Back

＊1-3・5・6製作方法

寬105cm
寬108cm

塑膠暗釦間隔（♥）＝
4.2
4.2
4.3
4.6
4.8
5.2
5.2

■ ＝原寸紙型
▦ ＝貼上黏著襯

製作前的準備

◆縫份尺寸…除指定處之外，縫份皆為1cm。
◆尺寸…從上至下為90・100・110・120・
　130・140・150cm尺寸

＊貼上黏著襯…前後剪接片・口袋口
＊Z字形車縫…脇線・袋布・荷葉邊肩線

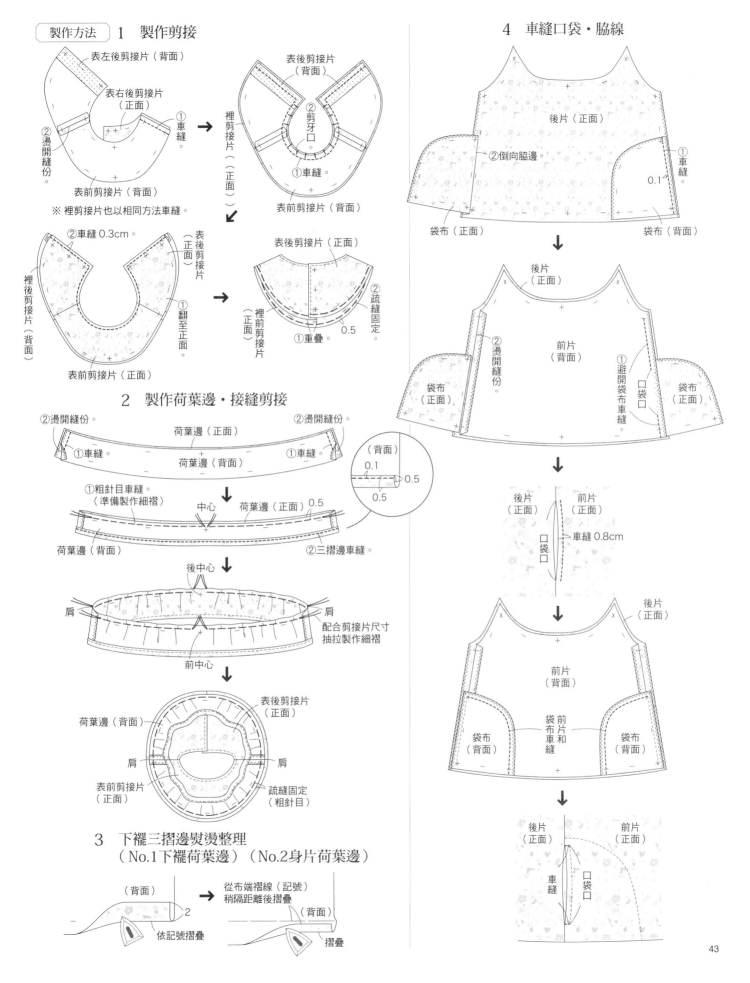

製作方法　1　製作剪接

表左後剪接片（背面）

表右後剪接片（正面）

②燙開縫份。

①車縫。

表前剪接片（背面）

※裡剪接片也以相同方法車縫。

表後剪接片（背面）

②剪牙口

①車縫。

裡剪接片（正面）

表前剪接片（背面）

②車縫0.3cm。

表後剪接片（正面）

裡後剪接片（背面）

①翻至正面。

表前剪接片（正面）

表後剪接片（正面）

裡前剪接片（正面）

①重疊。　0.5

②疏縫固定。

2　製作荷葉邊・接縫剪接

②燙開縫份。　荷葉邊（正面）　②燙開縫份。

①車縫。　荷葉邊（背面）　①車縫。

（背面）

0.1

0.5

0.5

①粗針目車縫。（準備製作細褶）

中心　荷葉邊（正面）0.5

荷葉邊（背面）　②三摺邊車縫。

後中心

肩　肩

前中心

配合剪接片尺寸抽拉製作細褶

荷葉邊（背面）

肩　肩

表後剪接片（正面）

表前剪接片（正面）

疏縫固定（粗針目）

3　下襬三摺邊熨燙整理
（No.1下襬荷葉邊）（No.2身片荷葉邊）

（背面）　2

依記號摺疊

從布端褶線（記號）稍隔距離後摺疊

（背面）

摺疊

4　車縫口袋・脇線

後片（正面）

②倒向脇邊。

①車縫

0.1

袋布（正面）　袋布（背面）

後片（正面）

②燙開縫份。

袋布（正面）

前片（背面）

①避開袋布車縫。

口袋口

袋布（正面）

後片（正面）　前片（正面）

口袋口　車縫0.8cm

前片（背面）

袋布（背面）

袋布前片和車縫口

袋布（背面）

後片（正面）　前片（正面）

車縫　口袋口

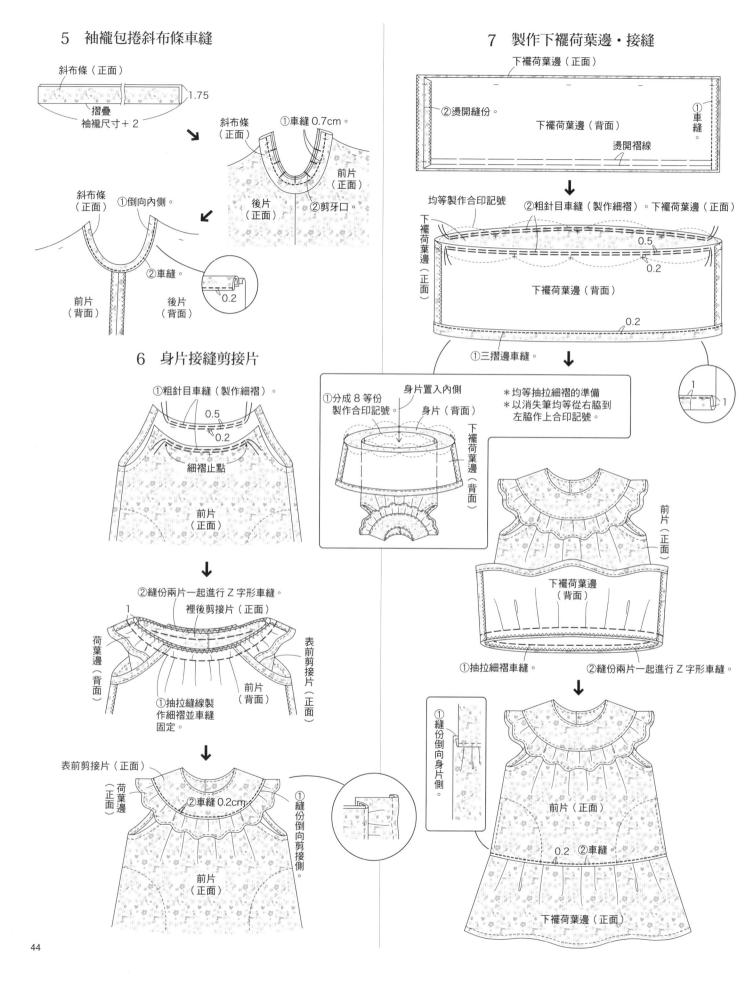

5 袖襱包捲斜布條車縫

斜布條（正面）

1.75
摺疊
袖襱尺寸＋2

斜布條（正面）
①車縫 0.7cm。
後片（正面）
前片（正面）
②剪牙口

斜布條（正面）
①倒向內側。
②車縫。
前片（背面）
後片（背面）
0.2

6 身片接縫剪接片

①粗針目車縫（製作細褶）。
0.5
0.2
細褶止點
前片（正面）

②縫份兩片一起進行 Z 字形車縫。
裡後剪接片（正面）
荷葉邊（背面）
表前剪接片（正面）
前片（背面）
①抽拉縫線製作細褶並車縫固定。

表前剪接片（正面）
荷葉邊（正面）
②車縫 0.2cm。
①縫份倒向剪接側。
前片（正面）

7 製作下襬荷葉邊・接縫

下襬荷葉邊（正面）
②燙開縫份。
下襬荷葉邊（背面）
燙開褶線
①車縫。

均等製作合印記號
②粗針目車縫（製作細褶）。下襬荷葉邊（正面）
下襬荷葉邊（正面）
0.5
0.2
下襬荷葉邊（背面）
0.2
①三摺邊車縫。
1 1

①分成 8 等份製作合印記號。
身片置入內側
身片（背面）
下襬荷葉邊（背面）
＊均等抽拉細褶的準備
＊以消失筆均等從右脇到左脇作上合印記號。

前片（正面）
下襬荷葉邊（背面）
①抽拉細褶車縫。
②縫份兩片一起進行 Z 字形車縫。

①縫份倒向身片側。
前片（正面）
0.2
②車縫
下襬荷葉邊（正面）

8　裝上塑膠暗釦

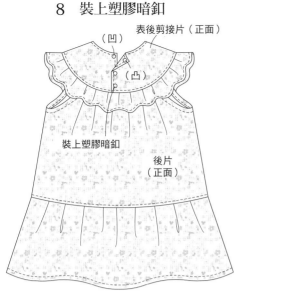

（凹）
表後剪接片（正面）
（凸）
裝上塑膠暗釦
後片（正面）

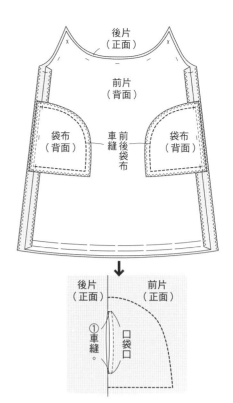

後片（正面）
前片（背面）
袋布（背面）
袋布（背面）
前後袋布
車縫

後片（正面）　前片（正面）
①車縫。
口袋口

7　下襬三摺邊車縫

前片（背面）
三摺邊車縫　0.2
（背面）
1
1

8　裝上塑膠暗釦

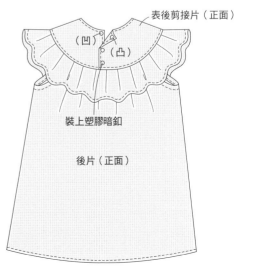

表後剪接片（正面）
（凹）
（凸）
裝上塑膠暗釦
後片（正面）

No. 2 製作方法　　**4　車縫口袋・脇邊**

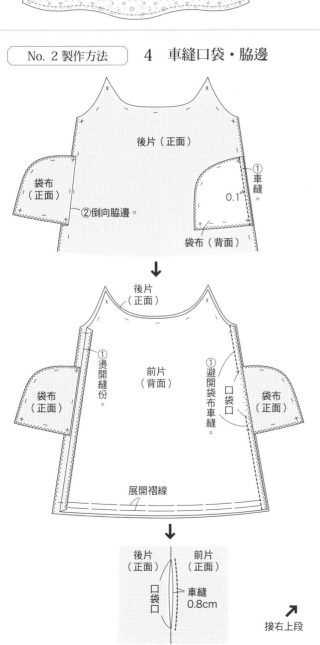

後片（正面）
袋布（正面）
②倒向脇邊。
①車縫。
0.1
袋布（背面）

後片（正面）
①燙開縫份。
前片（背面）
①避開袋布車縫。
口袋口
袋布（正面）
袋布（正面）
展開褶線

後片（正面）　前片（正面）
口袋口
車縫0.8cm

接右上段

P.6 No.3・P.7 No.4

單位（cm）

材料	尺寸	90	100	110	120	130	140	150
No.3表布（蕾絲布）	寬108cm	80	90	110	120	130	140	150
No.4表布（60 Lawn）	寬110cm	80	90	110	120	130	140	150
黏著襯	寬10cm	20	20	20	20	20	20	20
塑膠暗釦	直徑0.9cm	3組	3組	3組	3組	3組	3組	3組
鬆緊帶（包含袖口用・縫份2cm用）	寬0.5cm	19×2條	20×2條	21×2條	22×2條	23.5×2條	25×2條	26.5×2條
No.4鬆緊帶（包含下襬用・縫份1cm用） 寬0.5cm		58×1條	62×1條	66×1條	70×1條	74×1條	78×1條	82×1條

完成尺寸	尺寸	90	100	110	120	130	140	150
衣長		36.5	39.5	42	46	50	55	59

【紙型數量和原寸紙型刊載頁面】

前片------------ 紙型B面③・④
後片------------ 紙型B面③・④
袖子------------ 紙型B面③・④
前剪接片------ 紙型B面③・④
後剪接片------ 紙型B面③・④

製作順序

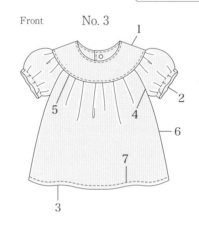

Front　No. 3

Back

Front　No. 4

Back

＊1至6作法參考No.3

No.3・4表布裁布圖

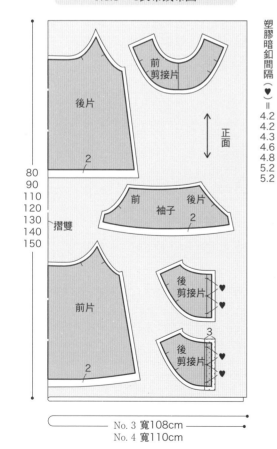

塑膠暗釦間隔
（♥）
＝
4.2
4.2
4.3
4.6
4.8
5.2
5.2

後片
前剪接片
前　後片　袖子
正面
摺雙
前片
後剪接片
後剪接片

80
90
110
120
130
140
150

No. 3 寬108cm
No. 4 寬110cm

▨ =原寸紙型
░ =貼上黏著襯

◆縫份尺寸…除指定處之外，縫份皆為1cm。
◆尺寸…從上至下90・100・110・120・130・140・150cm尺寸。

製作前準備

＊貼上黏著襯…表後剪接片

　　1　製作剪接片

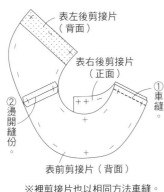

表左後剪接片（背面）

表右後剪接片（正面）

①車縫。

②燙開縫份。

表前剪接片（背面）

※裡剪接片也以相同方法車縫。

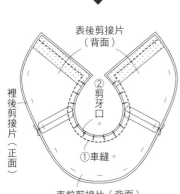

表後剪接片（背面）

裡後剪接片（正面）

②剪牙口。

①車縫。

表前剪接片（背面）

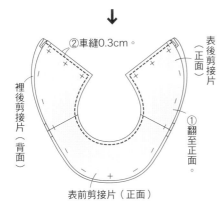

②車縫0.3cm。

表後剪接片（正面）

裡後剪接片（背面）

①翻至正面。

表前剪接片（正面）

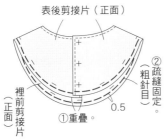

表後剪接片（正面）

裡前剪接片（正面）

①重疊。

0.5

②疏縫固定（粗針目）。

2　製作袖子

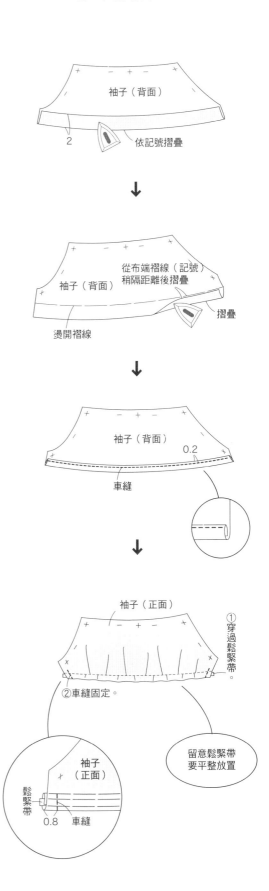

袖子（背面）

2

依記號摺疊

從布端褶線（記號）稍隔距離後摺疊

摺疊

燙開褶線

袖子（背面）

0.2

車縫

①穿過鬆緊帶。

袖子（正面）

②車縫固定。

袖子（正面）

鬆緊帶

0.8　車縫

留意鬆緊帶要平整放置

3 下襬三摺邊熨燙整理

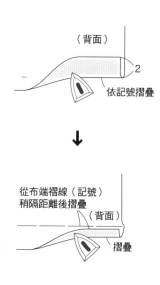

（背面）

2

依記號摺疊

↓

從布端摺線（記號）
稍隔距離後摺疊

（背面）

摺疊

4 接縫袖子

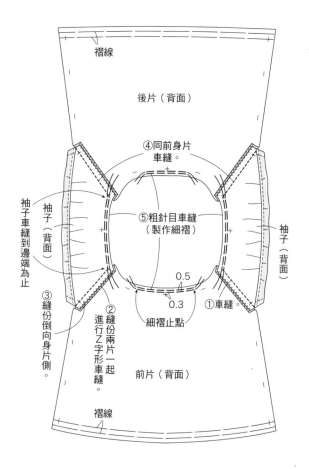

摺線

後片（背面）

④同前身片
車縫。

袖子車縫到邊端為止

袖子
（背面）

⑤粗針目車縫
（製作細褶）

袖子
（背面）

③縫份倒向身片側。

②縫份兩片一起
進行Z字形車縫。

0.5

0.3

細褶止點

①車縫。

前片（背面）

摺線

5 接縫剪接片

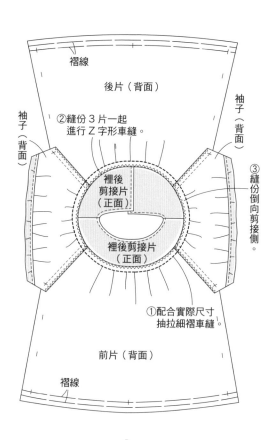

摺線

後片（背面）

袖子
（背面）

②縫份3片一起
進行Z字形車縫。

裡後
剪接片
（正面）

袖子
（背面）

③縫份倒向剪接側。

裡後剪接片
（正面）

①配合實際尺寸
抽拉細褶車縫。

前片（背面）

摺線

↓

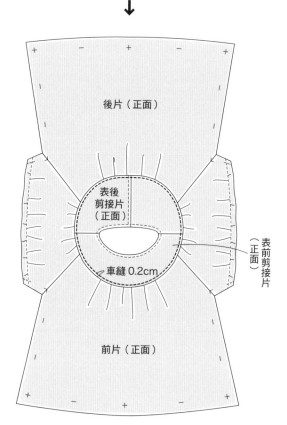

後片（正面）

表後
剪接片
（正面）

表前剪接片
（正面）

車縫0.2cm

前片（正面）

6　車縫脇線

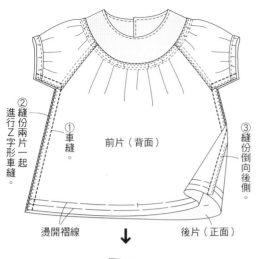

②縫份兩片一起進行Z字形車縫。

①車縫。

③縫份倒向後側。

前片（背面）

燙開褶線　　　後片（正面）

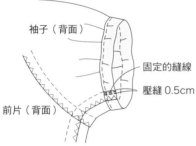

袖子（背面）

固定的縫線

壓縫 0.5cm

前片（背面）

7　下襬三摺邊車縫

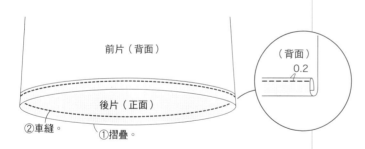

前片（背面）

後片（正面）

②車縫。　　①摺疊。

（背面）
0.2

8　裝上塑膠暗鈕

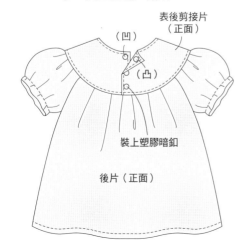

（凹）

表後剪接片（正面）

（凸）

裝上塑膠暗鈕

後片（正面）

7　下襬三摺邊車縫

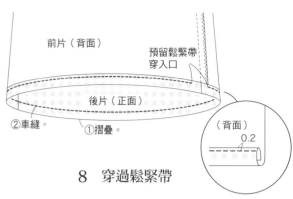

前片（背面）

預留鬆緊帶穿入口

後片（正面）

②車縫。　　①摺疊。

（背面）
0.2

8　穿過鬆緊帶

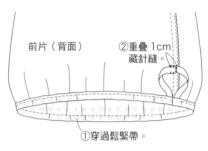

前片（背面）

②重疊 1cm
藏針縫。

①穿過鬆緊帶。

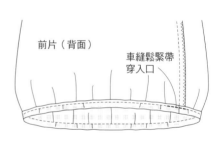

前片（背面）

車縫鬆緊帶穿入口

9　裝上塑膠暗鈕

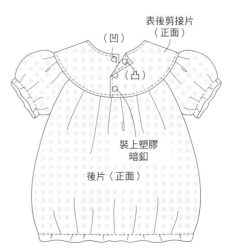

（凹）

表後剪接片（正面）

（凸）

裝上塑膠暗鈕

後片（正面）

單位（cm）

材料	尺寸	90	100	110	120	130	140	150
表布（亞麻布）	寬105cm	140	150	160	170	180	190	200
黏著襯	寬10cm	20	20	20	20	20	20	20
塑膠暗釦	直徑1.3cm	2組	2組	2組	2組	2組	2組	2組

完成尺寸	尺寸	90	100	110	120	130	140	150
衣長		50	55	61	66	72	78	84.5

表布裁布圖

寬105cm

斜布條
（長50cm 2片）

後剪接片 ♥

2

3

後貼邊

140
150
160
170
180
190
200

正面

前貼邊（1片）

後片

3

摺雙

前片

袋布

3

裁剪後重新摺疊

袖口荷葉邊

1.5

1.5

寬105cm

【紙型數量和原寸紙型刊載頁面】

前片 --------------- 紙型C面 ⑤
後片 --------------- 紙型C面 ⑤
後剪接片 ---------- 紙型C面 ⑤
袖口荷葉邊 ------- 紙型C面 ⑤
前貼邊 ------------ 紙型C面 ⑤
後貼邊 ------------ 紙型C面 ⑤
袋布 --------------- 紙型C面 ⑤

▨ = 原寸紙型
▧ = 貼上黏著襯

◆縫份尺寸…除指定處之外，縫份皆為1cm。
◆尺寸…從上至下為90・100・110・120・
130・140・150cm尺寸

＊未附部分直線紙型，請直接在布料上裁剪。
＊準備長一點的斜布條，配合各布料尺寸裁剪多餘部分。

製作前的準備

＊貼上黏著襯…貼邊・後剪接片
＊Z字形車縫…袋布・脇線

製作順序

Front

2 4 3 9 8

1

塑膠暗釦間隔
（♥）
＝
5.2
5.4
5.5
6.2
7
7.6
8.4

11

10・12

Back

13 裝上塑膠暗釦
（參考P.61）

5・6・7

1 摺疊褶襉

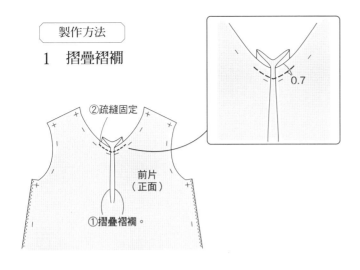

②疏縫固定

前片（正面）

①摺疊褶襉。

0.7

2 車縫肩線

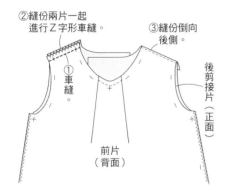

②縫份兩片一起進行Z字形車縫。

③縫份倒向後側。

①車縫。

後剪接片（正面）

前片（背面）

3 製作貼邊

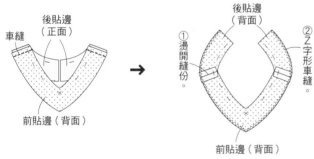

車縫

後貼邊（正面）

前貼邊（背面）

後貼邊（背面）

①燙開縫份。

②Z字形車縫。

前貼邊（背面）

4 接縫貼邊

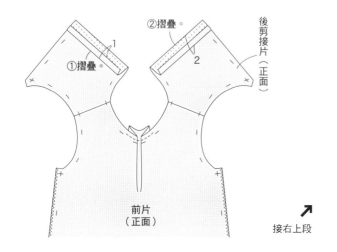

①摺疊。

1

②摺疊。

2

後剪接片（正面）

前片（正面）

接右上段

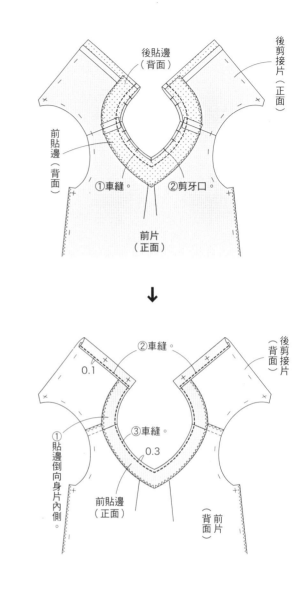

後貼邊（背面）

後剪接片（正面）

前貼邊（背面）

①車縫。

②剪牙口。

前片（正面）

↓

②車縫。

0.1

後剪接片（背面）

①貼邊倒向身片內側。

③車縫。

0.3

前貼邊（正面）

前片（背面）

5 後剪接片疏縫固定

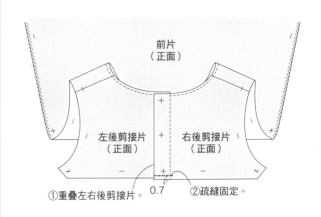

前片（正面）

左後剪接片（正面）

右後剪接片（正面）

①重疊左右後剪接片。

0.7

②疏縫固定。

6 準備製作細褶

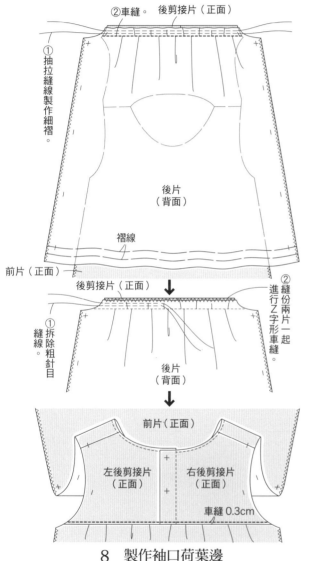

0.5　0.3
粗針目車縫（製作細褶）

後片
（正面）

7 接縫後片和後剪接片

②車縫。　後剪接片（正面）

①抽拉縫線製作細褶。

後片
（背面）

褶線

前片（正面）

↓

後剪接片（正面）

①拆除粗針目縫線。

②縫份兩片一起進行Z字形車縫。

後片
（背面）

↓

前片（正面）

左後剪接片
（正面）

右後剪接片
（正面）

車縫 0.3cm

8 製作袖口荷葉邊

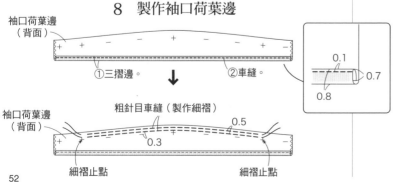

袖口荷葉邊
（背面）

①三摺邊。

②車縫。

0.1
0.7
0.8

↓

袖口荷葉邊
（背面）

粗針目車縫（製作細褶）

0.3　0.5

細褶止點　　　　　　細褶止點

9 接縫袖口荷葉邊

＊斜布條製作方法・接縫方法參考 P.40。

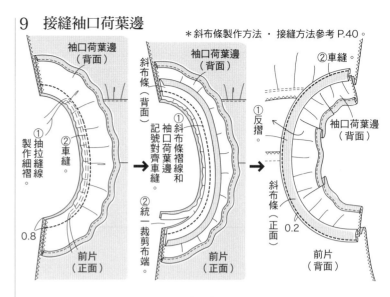

袖口荷葉邊
（背面）

斜布條
（背面）

①抽拉縫線製作細褶。

②車縫。

0.8

前片
（正面）

袖口荷葉邊
（背面）

斜布條

①斜布條褶線和袖口荷葉邊記號對齊車縫。

②統一裁剪布端。

前片
（正面）

②車縫

①反摺。

袖口荷葉邊
（背面）

斜布條
（正面）

0.2

前片
（背面）

10 下襬三摺邊熨燙整理

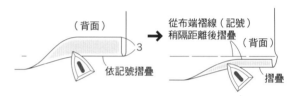

（背面）

依記號摺疊

3

從布端褶線（記號）稍隔距離後摺疊

（背面）

摺疊

11 接縫口袋・車縫脇線

＊口袋車縫方法參考 P.45。

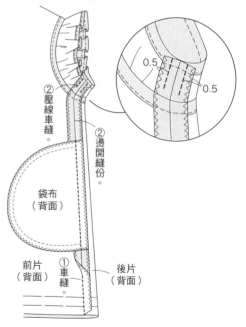

袖口荷葉邊

②壓線車縫。

②燙開縫份。

袋布
（背面）

前片
（背面）

①車縫。

後片
（背面）

0.5
0.5

12 下襬三摺邊車縫

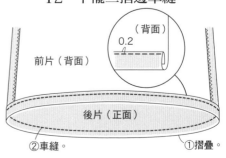

前片（背面）

（背面）

0.2

後片（正面）

②車縫。

①摺疊。

P.14 No.12

單位（cm）

材料	尺寸	90	100	110	120	130	140	150
表布（Chambray）	寬110cm	80	90	100	110	110	120	130
黏著襯	寬10cm	20	20	20	20	20	20	20
塑膠暗釦	直徑0.9cm	3組	3組	3組	3組	3組	3組	3組

完成尺寸	尺寸	90	100	110	120	130	140	150
衣長		34	37	40.5	44	46.5	51	55

【紙型數量和原寸紙型刊載頁面】

前片----------------- 紙型C面 ⑫
後片----------------- 紙型C面 ⑫
前剪接片----------- 紙型C面 ⑫
後剪接片----------- 紙型C面 ⑫
袖口荷葉邊-------- 紙型C面 ⑫
荷葉邊 -------------- 紙型C面 ⑫

＊未附部分直線紙型，請直接在布料上裁剪。
＊準備長一點的斜布條，配合各布料尺寸裁剪多餘部分。

■ =原寸紙型
▨ =貼上黏著襯

◆縫份尺寸…除指定處之外，縫份皆為1cm。
◆尺寸…從上至下為90・100・110・120・
　130・140・150cm尺寸。

製作順序

Front

表布裁布圖

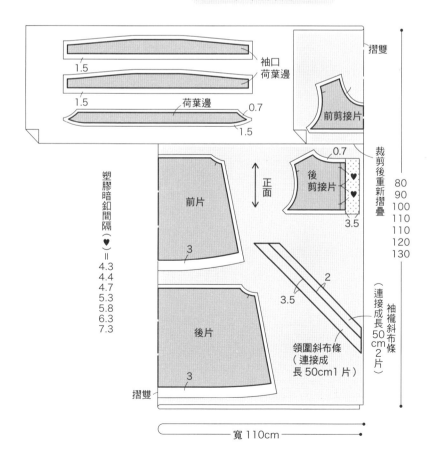

袖口
荷葉邊

1.5

1.5

荷葉邊

0.7

1.5

前剪接片

摺雙

正面

0.7

後剪接片

3.5

裁剪後重新摺疊

80
90
100
110
110
120
130

塑膠暗釦間隔
（♥）＝
4.3
4.4
4.7
5.3
5.8
6.3
7.3

前片

3

後片

3

摺雙

2

3.5

領圍斜布條
（連接成
長50cm1片）

（連接成長50cm2片）
袖攏斜布條

寬110cm

Back

13

3・4・5

製作前的準備

＊貼上黏著襯…後剪接貼邊片

53

　　1　車縫肩線

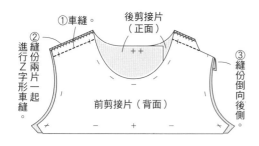

①車縫。
②縫份兩片一起進行Z字形車縫。
後剪接片（正面）
③縫份倒向後側。
前剪接片（背面）

2　製作斜布條・車縫領圍

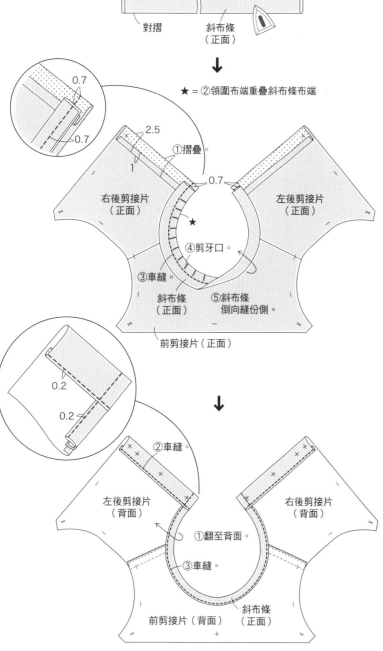

對摺
斜布條（正面）

★＝②領圍布端重疊斜布條布端

0.7
0.7

2.5
1
①摺疊。
0.7
右後剪接片（正面）
左後剪接片（正面）
★
④剪牙口。
③車縫。
斜布條（正面）
⑤斜布條倒向縫份側。
前剪接片（正面）

0.2
0.2

②車縫。
左後剪接片（背面）
右後剪接片（背面）
①翻至背面。
③車縫。
前剪接片（背面）
斜布條（正面）

3　後剪接片疏縫固定

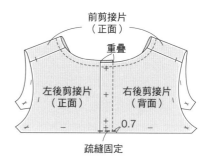

前剪接片（正面）
重疊
左後剪接片（正面）
右後剪接片（背面）
0.7
疏縫固定

4　製作後片細褶

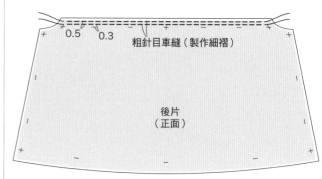

0.5　0.3
粗針目車縫（製作細褶）
後片（正面）

5　接縫後片和後剪接片

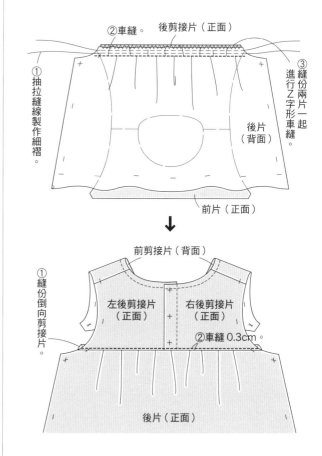

②車縫。
後剪接片（正面）
①抽拉縫線製作細褶。
③縫份兩片一起進行Z字形車縫。
後片（背面）
前片（正面）

前剪接片（背面）
①縫份倒向剪接片。
左後剪接片（正面）
右後剪接片（正面）
②車縫0.3cm。
後片（正面）

6 製作荷葉邊・接縫

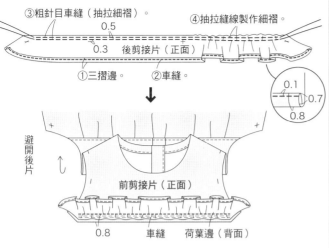

③粗針目車縫（抽拉細褶）。
0.5
0.3 後剪接片（正面）
④抽拉縫線製作細褶。
①三摺邊。 ②車縫。
三摺邊。
0.1
0.7
0.8

避開後片
前剪接片（正面）
0.8 車縫 荷葉邊（背面）

7 接縫前片＆剪接片

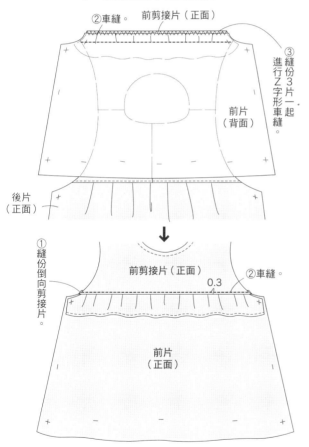

②車縫。 前剪接片（正面）
③縫份3片一起進行Z字形車縫。
前片（背面）
後片（正面）

①縫份倒向剪接片。
前剪接片（正面） ②車縫。
0.3
前片（正面）

8 製作袖口荷葉邊

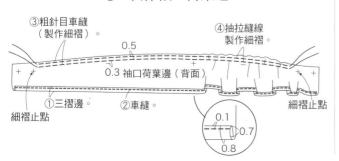

③粗針目車縫（製作細褶）。
0.5
④抽拉縫線製作細褶。
0.3 袖口荷葉邊（背面）
①三摺邊。 ②車縫。
細褶止點 細褶止點
0.1
0.7
0.8

9 接縫袖口荷葉邊

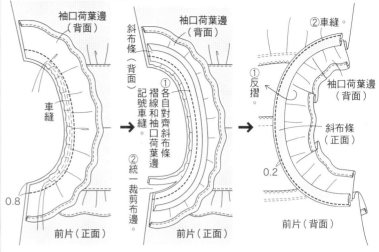

袖口荷葉邊（背面） 袖口荷葉邊（背面） ②車縫。
斜布條（背面）
①各自對齊斜布條褶線和袖口荷葉邊記號車縫。
②統一裁剪布邊。
車縫
①反摺。
袖口荷葉邊（背面）
斜布條（正面）
0.2
0.8
前片（正面） 前片（正面） 前片（背面）

10 下襬三摺邊熨燙整理

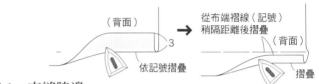

（背面） 從布端褶線（記號）稍隔距離後摺疊（背面）
3
依記號摺疊 摺疊

11 車縫脇邊

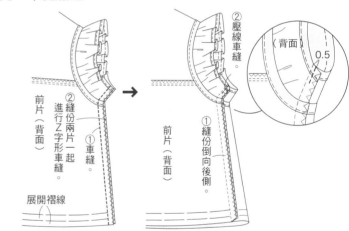

②壓線車縫。
（背面）
0.5
前片（背面）
②縫份兩片一起進行Z字形車縫。
①車縫。
①縫份倒向後側。
前片（背面）
展開褶線

12 下襬三摺邊車縫

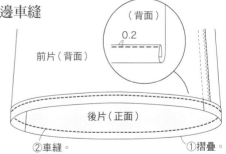

（背面）
0.2
前片（背面）
後片（正面）
②車縫。 ①摺疊。

13 裝上塑膠暗釦

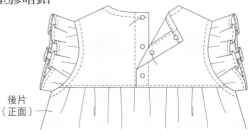

後片（正面）

P.10 No.8・P.11 No.9

單位（cm）

材料 \ 尺寸	90	100	110	120	130	140	150
No.8表布（化纖棉平織布） 寬108cm	120	130	140	150	160	170	180
No.9表布（Chambray） 寬106cm	80	80	90	90	100	100	110
黏著襯 寬40cm	30cm	30cm	30cm	30cm	30cm	30cm	30cm
鬆緊帶（袖襱用・包含縫份1cm） 寬0.5cm	7×2本	7×2本	8×2本	8×2本	9.5×2本	10.5×2本	10.5×2本
鬆緊帶（肩繩用・包含縫份2cm） 寬0.5cm	14×2本	15×2本	16×2本	17×2本	19×2本	20×2本	23×2本
No.9沙典織帶 寬0.5cm	20×2本	20×2本	20×2本	20×2本	20×2本	20×2本	20×2本

完成尺寸 \ 尺寸	90	100	110	120	130	140	150
No.8前中心長度（不包含肩繩）	43	46	51	55.5	60.5	66	72
No.9前中心長度（不包含肩繩）	28	30.5	33	35.5	39	41	44

【紙型數量和原寸紙型刊載頁面】

前後片----------紙型B面 ⑧・⑨
肩繩----------紙型B面 ⑧・⑨
口袋----------紙型A面 ⑧
貼邊----------紙型B面 ⑧・⑨

＊前後身片・貼邊紙型一樣。
＊未附部分直線紙型，請直接在布料上裁剪。
＊準備長一點的斜布條，配合各布料尺寸裁剪多餘部分。

▨ =原寸紙型
▧ =貼上黏著襯

◆縫份尺寸…除指定處之外，縫份皆為1cm。
◆尺寸…從上至下90・100・110・120・130・140・150cm尺寸。
★=摺雙記號展開布料裁剪。

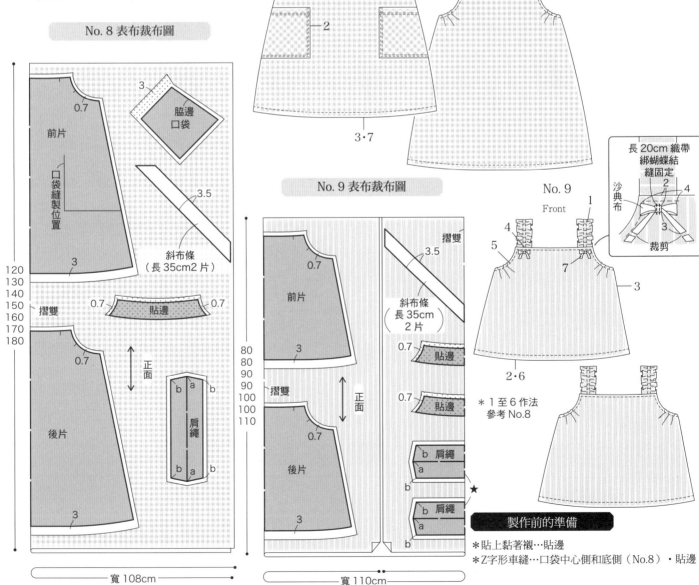

No.8 表布裁布圖

No.9 表布裁布圖

製作順序
＊前後同型

製作前的準備
＊貼上黏著襯…貼邊
＊Z字形車縫…口袋中心側和底側（No.8）・貼邊

1 製作肩繩

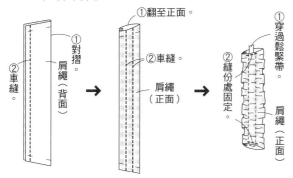

①對摺。
②車縫。
肩繩（背面）

①翻至正面。
②車縫。
肩繩（正面）

①穿過鬆緊帶。
②縫份處固定。
肩繩（正面）

2 製作口袋・接縫前片（只有No.8）

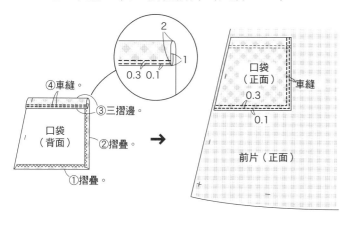

2
1
0.3 0.1

④車縫。
③三摺邊。
②摺疊。
①摺疊。
口袋（背面）

口袋（正面）
0.3
0.1
車縫
前片（正面）

3 下襬三摺邊熨燙整理

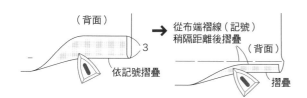

（背面）
3
依記號摺疊

從布端摺線（記號）
稍隔距離後摺疊
（背面）
摺疊

4 車縫脇邊・縫份倒向後側

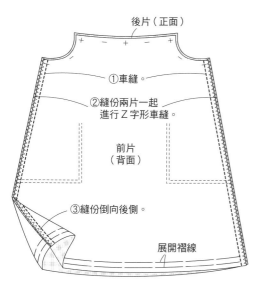

後片（正面）
①車縫。
②縫份兩片一起
進行Z字形車縫。
前片（背面）
③縫份倒向後側。
展開褶線

5 接縫肩繩

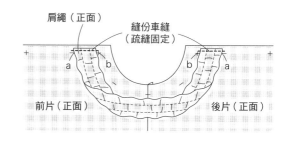

肩繩（正面）
縫份車縫
（疏縫固定）
a b   b a
前片（正面）   後片（正面）

6 接縫貼邊・車縫袖襱

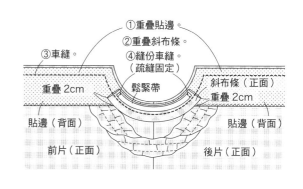

①重疊貼邊。
②重疊斜布條。
③車縫。
④縫份車縫。
（疏縫固定）
重疊2cm
鬆緊帶
斜布條（正面）
重疊2cm
貼邊（背面）
貼邊（背面）
前片（正面）
後片（正面）

②車縫。
0.8
①貼邊・斜布條
翻至正面。
肩繩（正面）
0.8
貼邊（正面）
貼邊（正面）
②拉伸鬆緊帶車縫。
後片（背面）
前片（背面）

7 下襬三摺邊車縫

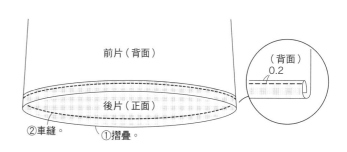

前片（背面）
（背面）
0.2
後片（正面）
②車縫。   ①摺疊。

單位（cm）

材料	尺寸	90	100	110	120	130	140	150
No.10表布〈Tana Lawn〉	寬110cm	140	150	160	170	180	190	200
No.11表布〈亞麻布〉	寬105cm	140	150	160	170	180	190	200
黏著襯	寬10cm	20	20	20	20	20	20	20
No.10塑膠暗釦	直徑0.9cm	3組	3組	3組	3組	3組	3組	3組
No.11尼龍暗釦	直徑1.3cm	2組	2組	2組	2組	2組	2組	2組
No.11釦子	直徑2.8cm	1個	1個	1個	1個	1個	1個	1個
鬆緊帶（袖口用・縫份包含2cm）寬0.5cm		19×2本	20×2本	21×2本	22×2本	23.5×2本	25×2本	26.5×2本

完成尺寸	尺寸	90	100	110	120	130	140	150
衣長		50	55	61	66	72	78	84.5

No.10・11 表布裁布圖

攤開布料裁剪斜布條（長50cm1片）

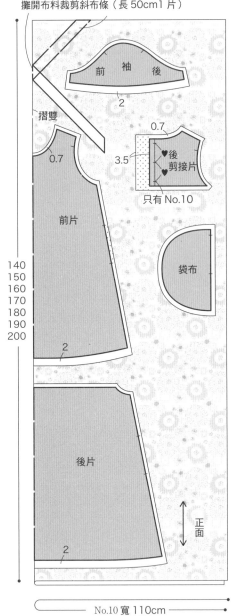

140
150
160
170
180
190
200

No.10 寬110cm
No.11 寬105cm

NO.10・塑膠暗釦間隔（♥）=
4.3
4.4
4.7
5.3
5.8
6.5
7.3

NO.11・尼龍暗釦（♥）=
5.2
5.4
5.5
6.2
7
7.6
8.4

【紙型數量和原寸紙型刊載頁面】

前片 ---------------- 紙型C面 ⑩・⑪
後片 ---------------- 紙型C面 ⑩・⑪
後剪接片 ---------- 紙型C面 ⑩・⑪
袖子 ---------------- 紙型C面 ⑩・⑪
袋布 ---------------- 紙型C面 ⑩・⑪

▨ ＝原寸紙型
▩ ＝貼上黏著襯

◆縫份尺寸…除指定處之外，縫份皆為1cm。
◆尺寸…從上至下90・100・110・120・130・140・150cm尺寸

＊未附部分直線紙型，請直接在布料上裁剪。
＊準備長一點的斜布條，配合各布料尺寸裁剪多餘部分。

製作前的準備

＊貼上黏著襯…後剪接貼邊片・口袋
＊Z字形車縫…脇線・袖下線・袋布

No. 10 製作順序

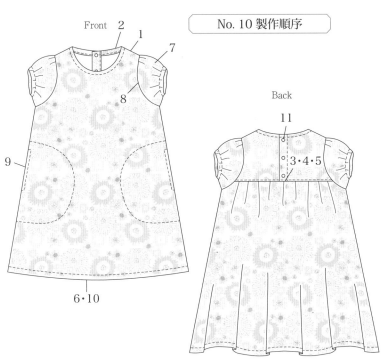

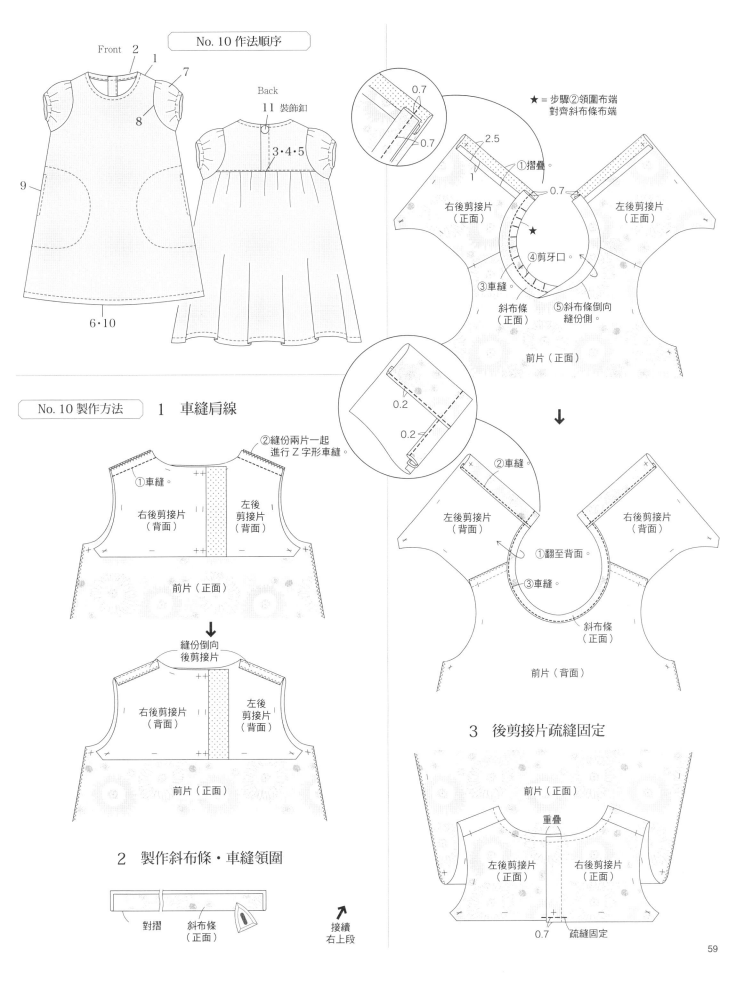

No. 10 作法順序

Front 2 1
7
8
9
6·10

Back
11 裝飾鈕
3·4·5

★ = 步驟②領圍布端
對齊斜布條布端

0.7
0.7

2.5
①摺疊。
1
0.7
右後剪接片
（正面）
左後剪接片
（正面）
★
④剪牙口。
③車縫
⑤斜布條倒向
斜布條
（正面）
縫份側。
前片（正面）

0.2
0.2

②車縫
左後剪接片
（背面）
右後剪接片
（背面）
①翻至背面。
③車縫。
斜布條
（正面）
前片（背面）

No. 10 製作方法 1 車縫肩線

②縫份兩片一起
進行Ｚ字形車縫。
①車縫。
右後剪接片
（背面）
左後
剪接片
（背面）
前片（正面）

縫份倒向
後剪接片
右後剪接片
（背面）
左後
剪接片
（背面）
前片（正面）

3 後剪接片疏縫固定

前片（正面）
重疊
左後剪接片
（正面）
右後剪接片
（正面）
0.7 疏縫固定

2 製作斜布條・車縫領圍

對摺 斜布條
（正面）

接續
右上段

4 準備抽拉後片細褶

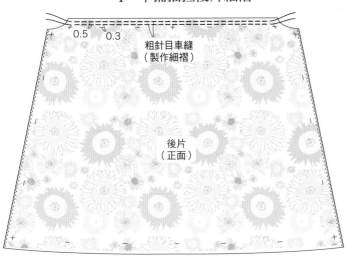

0.5　0.3
粗針目車縫
（製作細褶）
後片
（正面）

5 接縫後片和後剪接片

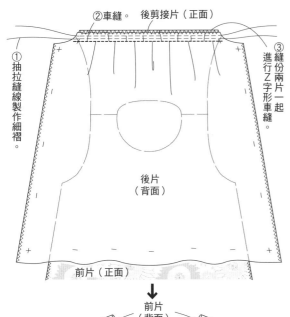

②車縫。　後剪接片（正面）
①抽拉縫線製作細褶。
③縫份兩片一起進行Z字形車縫。
後片
（背面）
前片（正面）

①縫份倒向剪接片側。
前片
（背面）
左後剪接片
（正面）　右後剪接片
（正面）
②車縫0.3cm。
後片（正面）

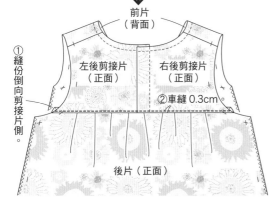

6 下襬三摺邊・熨燙整理

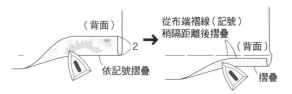

（背面）
2
依記號摺疊
從布端褶線（記號）稍隔距離後摺疊
（背面）
摺疊

7 製作袖子

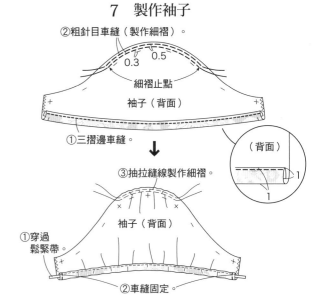

②粗針目車縫（製作細褶）。
0.3　0.5
細褶止點
袖子（背面）
①三摺邊車縫。

（背面）
1
1

③抽拉縫線製作細褶。
袖子（背面）
①穿過鬆緊帶。
②車縫固定。

8 接縫袖子

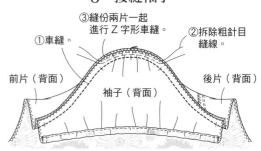

③縫份兩片一起進行Z字形車縫。
①車縫。
②拆除粗針目縫線。
前片（背面）　袖子（背面）　後片（背面）

9 接縫口袋・車縫脇線

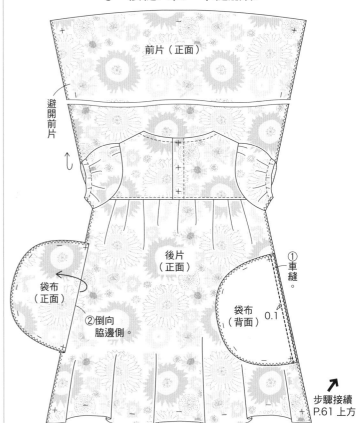

前片（正面）
避開前片
後片
（正面）
①車縫。
袋布
（正面）
②倒向脇邊側。
袋布
（背面）
0.1

步驟接續
P.61 上方

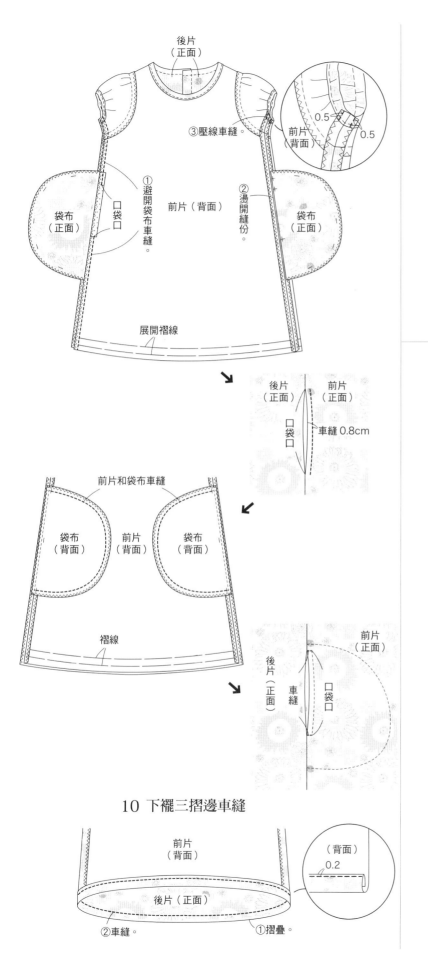

後片（正面）

③壓線車縫。

前片（背面）

0.5
0.5

①避開袋布車縫。

②燙開縫份。

袋布（正面）

口袋口

前片（背面）

袋布（正面）

展開褶線

後片（正面） 前片（正面）

口袋口

車縫0.8cm

前片和袋布車縫

袋布（背面） 前片（背面） 袋布（背面）

褶線

前片（正面）

後片（正面） 車縫 口袋口

10 下襬三摺邊車縫

前片（背面）

（背面）
0.2

後片（正面）

②車縫。 ①摺疊。

11 裝上塑膠釦

（凹）
（凸）

後片（正面）

No.11 製作方法

11 接縫尼龍暗釦&裝飾釦

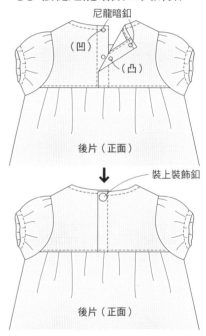

尼龍暗釦
（凹）
（凸）

後片（正面）

裝上裝飾釦

後片（正面）

尼龍釦縫製方法

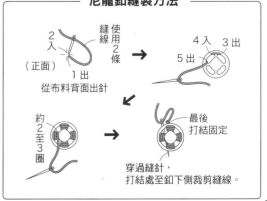

2入
縫線
使用2條
（正面）
1出
從布料背面出針

4入 3出
5出

約2至3圈

最後打結固定

穿過縫針，
打結處至釦下側裁剪縫線。

單位（cm）

材料	尺寸	90	100	110	120	130	140	150
No.14表布〈棉 Lawn〉	寬105cm	90	10	110	120	130	130	140
No.15表布〈Chambray〉	寬110cm	30	30	30	30	30	30	30
No.15別布〈格紋布〉	寬110cm	70	80	90	100	100	110	110
黏著襯	寬10cm	20	20	20	20	20	20	20
塑膠暗釦	直徑0.9cm	3組	3組	3組	3組	3組	3組	3組
鬆緊帶（袖口用・縫份包含2cm）寬0.5cm		19×2條	20×2條	21×2條	22×2條	23.5×2條	25×2條	26.5×2條

完成尺寸	尺寸	90	100	110	120	130	140	150
衣長		34	37	40.5	44	46.5	51	55

【紙型數量和原寸紙型刊載頁面】

前片-------------- 紙型C面⑭・⑮
後片-------------- 紙型C面⑭・⑮
前剪接片---------- 紙型C面⑭・⑮
後剪接片---------- 紙型C面⑭・⑮
袖子-------------- 紙型C面⑭・⑮

＊未附部分直線紙型，請直接在布
　料上裁剪。
＊準備長一點的斜布條，配合各布
　料尺寸裁剪多餘部分。

▢＝原寸紙型
▨＝貼上黏著襯
◆縫份尺寸…除指定處之外，縫份皆為1cm。
◆尺寸…從上至下為90・100・110・120・
　　　130・140・150cm尺寸。

製作前的準備

＊貼上黏著襯…後剪接貼邊片

No. 14 表布裁布圖

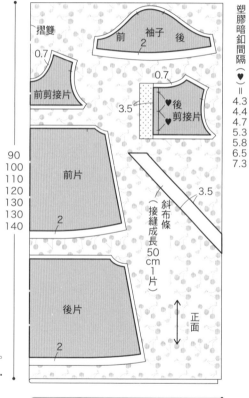

塑膠暗釦間隔（♥）
＝
4.3
4.4
4.7
5.3
5.8
6.5
7.3

No. 15 表布裁布圖

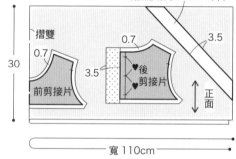

No. 15 別布裁布圖

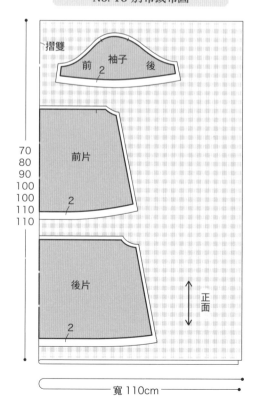

No. 14
Front
1　2　8　7
10　6
9・11

製作順序

Back
12
3・4・5

No. 15
Front

Back

製作方法　　1　車縫肩線

①車縫。
後剪接片（正面）
②縫份兩片一起進行Z字形車縫。
前剪接片（背面）

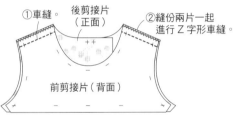

縫份倒向後側
右後剪接片（背面）
左後剪接片（背面）

2　製作斜布條・車縫領圍

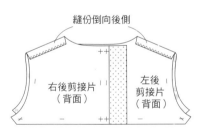

對摺
斜布條（正面）

接續右上段

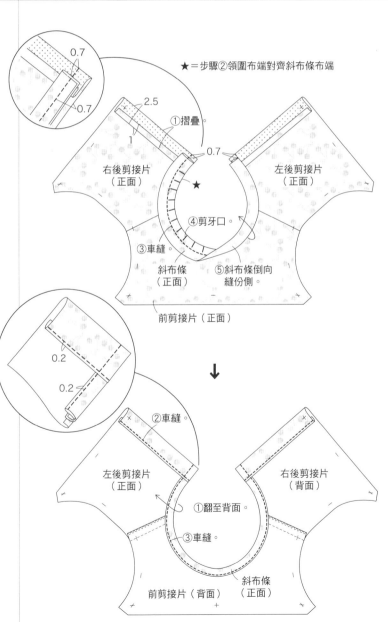

0.7
0.7

★＝步驟②領圍布端對齊斜布條布端

2.5
1
0.7
①摺疊。
右後剪接片（正面）
左後剪接片（正面）
★
④剪牙口
③車縫。
斜布條（正面）
⑤斜布條倒向縫份側。
前剪接片（正面）

0.2
0.2

②車縫。
左後剪接片（正面）
右後剪接片（背面）
①翻至背面。
③車縫。
前剪接片（背面）
斜布條（正面）

63

3 後剪接片疏縫固定

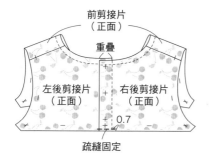

前剪接片（正面）
重疊
左後剪接片（正面）
右後剪接片（正面）
0.7
疏縫固定

4 準備製作後片細褶（前片也相同）

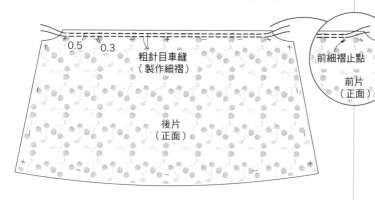

0.5　0.3
粗針目車縫（製作細褶）
後片（正面）

前細褶止點
前片（正面）

5 接縫後片和後剪接片

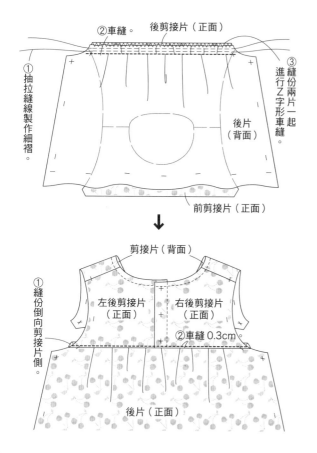

②車縫。
後剪接片（正面）
①抽拉縫線製作細褶。
③縫份兩片一起進行Z字形車縫。
後片（背面）
前剪接片（正面）

↓

剪接片（背面）
①縫份倒向剪接片側。
左後剪接片（正面）
右後剪接片（正面）
②車縫0.3cm。
後片（正面）

6 接縫前片和前剪接片

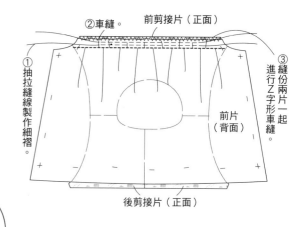

②車縫。
前剪接片（正面）
①抽拉縫線製作細褶。
③縫份兩片一起進行Z字形車縫。
前片（背面）
後剪接片（正面）

↓

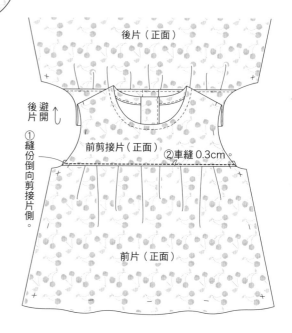

後片（正面）
後片避開
①縫份倒向剪接片側。
前剪接片（正面）
②車縫0.3cm。
前片（正面）

7 製作袖子

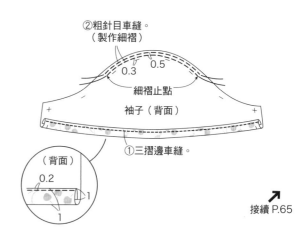

②粗針目車縫。（製作細褶）
0.3　0.5
細褶止點
袖子（背面）
①三摺邊車縫。
（背面）
0.2
1
1

接續 P.65

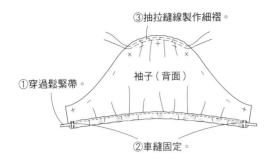

①穿過鬆緊帶。

③抽拉縫線製作細褶。

袖子（背面）

②車縫固定。

8　接縫袖子

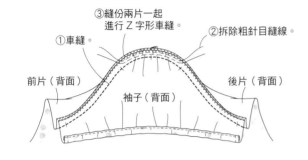

③縫份兩片一起
進行Z字形車縫。

①車縫。

②拆除粗針目縫線。

前片（背面）

後片（背面）

袖子（背面）

9　下襬三摺邊熨燙整理

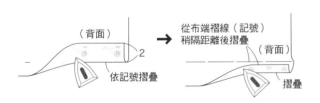

（背面）

2

依記號摺疊

從布端摺線（記號）
稍隔距離後摺疊

（背面）

摺疊

10　車縫脇邊

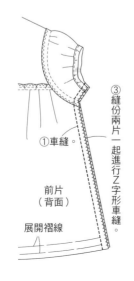

①車縫。

③縫份兩片一起進行Z字形車縫。

前片
（背面）

展開摺線

接續
右上段

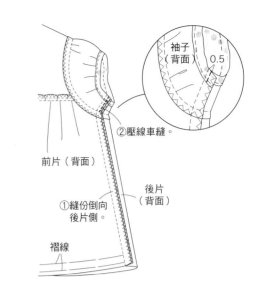

袖子
（背面）　0.5

②壓線車縫。

前片（背面）

後片
（背面）

①縫份倒向
後片側

摺線

11　下襬三摺邊車縫

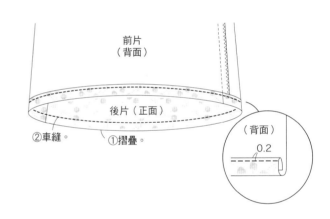

前片
（背面）

後片（正面）

②車縫。

①摺疊。

（背面）

0.2

12　裝上塑膠鈕

（凹）

（凸）

單位（cm）

材料	尺寸	90	100	110	120	130	140	150
No.16表布〈80Lawn〉	寬110cm	130	140	160	170	180	190	200
No.17表布〈平紋布〉	寬110cm	70	80	80	90	90	100	110
黏著襯	寬10cm	20	20	20	20	20	20	20
No.17蕾絲布	寬7cm	120	140	150	160	170	180	200
塑膠暗釦	直徑0.9cm	3組	3組	3組	3組	3組	3組	3組

完成尺寸	尺寸	90	100	110	120	130	140	150
No.16衣長		50	55	61	65.5	71.5	77.5	84
No.17衣長		34	37	40.5	43	46	50.5	54.5

【紙型數量和原寸紙型刊載頁面】

前片-----------紙型D面⑯・⑰
後片-----------紙型D面⑯・⑰
前脇片---------紙型D面⑯・⑰
後脇片---------紙型D面⑯・⑰
後剪接片-------紙型D面⑯・⑰
荷葉邊---------紙型D面⑯・⑰
袋布-----------紙型D面⑯

＊未附部分直線紙型，請直接在布
　料上裁剪。
＊準備長一點的斜布條，配合各布
　料尺寸裁剪多餘部分。

=原寸紙型
=貼上黏著襯

◆縫份尺寸…除指定處之外，縫份皆為1cm。
◆從上至下為90・100・110・120・130・
　140・150cm尺寸。
★=接縫成長50cm1片。
☆=接縫成長50cm2片。
♥=摺雙位置展開布料裁剪。

塑膠暗釦間隔（▲）=
4.4
4.5
4.6
5.4
5.8
6.5
7

No. 16 表布裁布圖

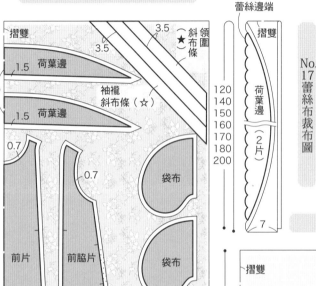

No.17蕾絲布裁布圖

No. 17 表布裁布圖

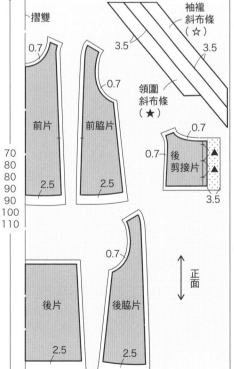

寬 110cm

寬 110cm

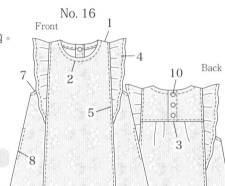

No. 16
Front

No. 17
Front

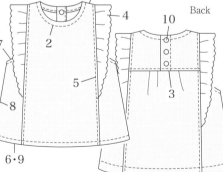

＊1至3・5至7・9製作方法參考No.16

製作前的準備

＊貼上黏著襯…後剪接片・貼邊・口袋口
　（只有No.16）
＊Z字形車縫…袋布・脇線（只有No.16）

1 車縫肩線

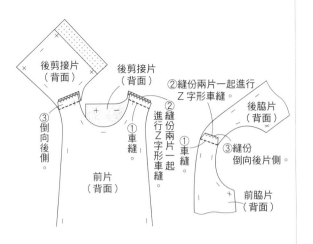

後剪接片（背面）

後剪接片（背面）

②縫份兩片一起進行Z字形車縫。

③倒向後側。

①車縫。

前片（背面）

②縫份兩片一起進行Z字形車縫。

後脇片（背面）

①車縫。

③縫份倒向後片側。

前脇片（背面）

2 斜布條包捲領圍車縫

領圍斜布條（正面）

摺疊

※袖襱斜布條也以相同方法製作。

↓

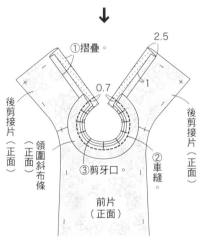

①摺疊。

2.5

0.7

1

後剪接片（正面）

領圍斜布條（正面）

後剪接片（正面）

②車縫。

③剪牙口。

前片（正面）

↓

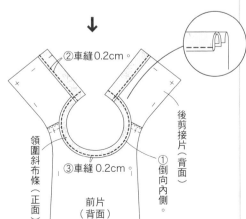

②車縫0.2cm。

領圍斜布條（正面）

後剪接片（背面）

①倒向內側。

③車縫0.2cm。

前片（背面）

3 接縫後片和後剪接片

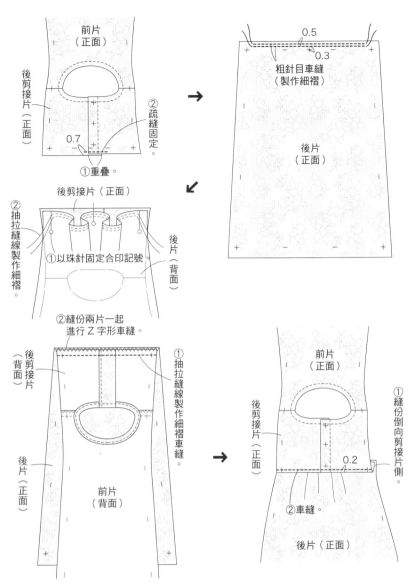

前片（正面）

後剪接片（正面）

②疏縫固定。

0.7

①重疊。

0.5
0.3

粗針目車縫（製作細褶）

後片（正面）

後剪接片（正面）

②抽拉縫線製作細褶。

①以珠針固定合印記號。

後片（背面）

②縫份兩片一起進行Z字形車縫。

後剪接片（背面）

①抽拉縫線製作細褶車縫。

後片（正面）

前片（背面）

前片（正面）

後剪接片（正面）

①縫份倒向剪接片側。

0.2

②車縫。

後片（正面）

4 製作荷葉邊

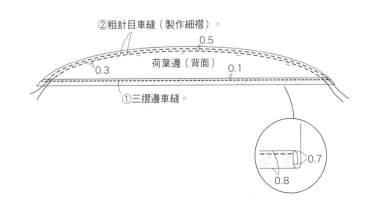

②粗針目車縫（製作細褶）。

0.5

0.3

荷葉邊（背面）

0.1

①三摺邊車縫。

0.7

0.8

5 接縫剪接線

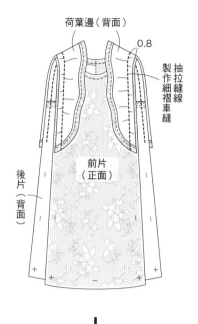

荷葉邊（背面）
0.8
抽拉縫線
製作細褶車縫
前片（正面）
後片（背面）

荷葉邊（正面）
後脇片（背面）
④車縫 0.2 cm。
前脇片（背面）
前脇片（正面）
前片（正面）
①車縫。
②縫份3片一起進行Z字形車縫。
③縫份倒向中心側。

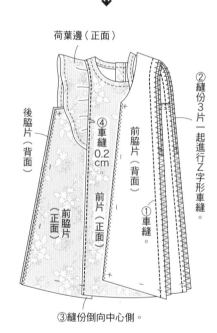

6 下襬三摺邊熨燙整理

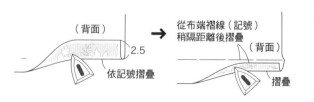

（背面）
2.5
依記號摺疊
從布端褶線（記號）稍隔距離後摺疊
（背面）
摺疊

7 斜布條包捲袖襱車縫

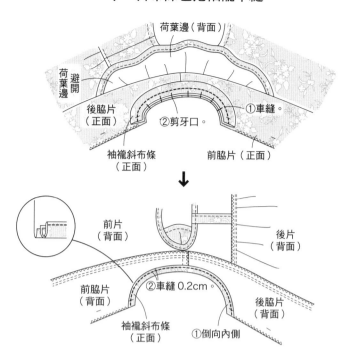

荷葉邊（背面）
荷葉邊 避開
後脇片（正面）
①車縫。
②剪牙口。
袖襱斜布條（正面）
前脇片（正面）

前片（背面）
後片（背面）
前脇片（背面）
②車縫 0.2cm。
後脇片（背面）
袖襱斜布條（正面）
①倒向內側

8 製作脇口袋・車縫脇線

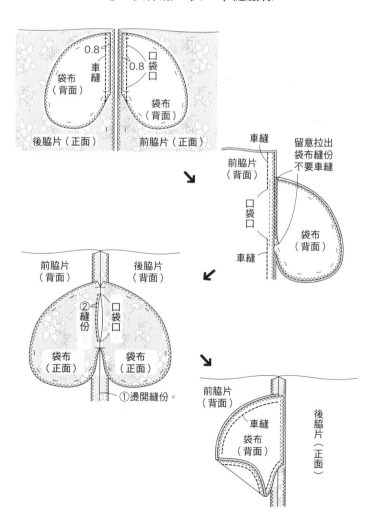

0.8
車縫
袋布（背面）
口袋口
0.8
袋布（背面）
後脇片（正面）
前脇片（正面）

車縫
前脇片（背面）
留意拉出袋布縫份不要車縫
口袋口
袋布（背面）
車縫

前脇片（背面）
後脇片（背面）
②縫份
口袋口
袋布（正面）
袋布（正面）
①燙開縫份。

前脇片（背面）
車縫
袋布（背面）
後脇片（正面）

9 下襬三摺邊車縫

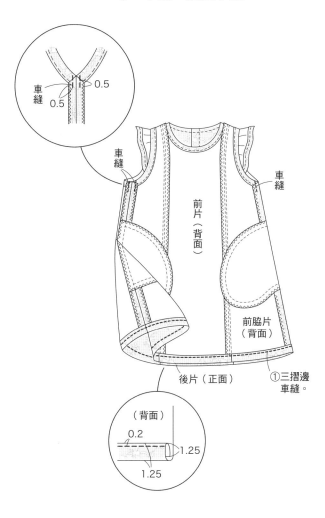

車縫

0.5

0.5

車縫

車縫

車縫

前片（背面）

前脇片（背面）

後片（正面）

①三摺邊車縫。

（背面）

0.2

1.25

1.25

10 裝上塑膠鈕

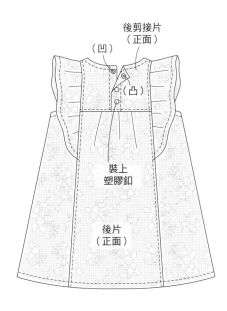

後剪接片（正面）

（凹）

（凸）

裝上塑膠鈕

後片（正面）

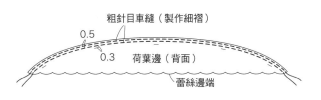

4 製作荷葉邊

粗針目車縫（製作細褶）

0.5

0.3　荷葉邊（背面）

蕾絲邊端

8 車縫脇線

前片（背面）

②縫份兩片一起進行Z字形車縫。

③縫份倒向後側。

①車縫

後片（正面）　展開褶線

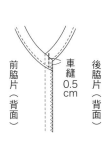

前脇片（背面）

車縫 0.5 cm

後脇片（背面）

10 裝上塑膠鈕

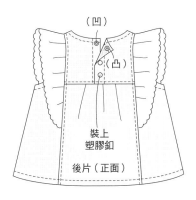

（凹）

（凸）

裝上塑膠鈕

後片（正面）

69

材料	尺寸	90	100	110	120	130	140	150
No.13表布〈棉 Lawn〉	寬105cm	100	100	120	120	130	140	140
No.22表布〈棉 Lawn〉	寬108cm	80	90	100	100	110	120	130
No.23表布〈蕾絲布〉	寬108cm	80	90	100	100	110	120	130
鬆緊帶（後領圍用・包含縫份2cm）	寬0.5cm	15.5×1條	16×1條	17×1條	17.5×1條	18×1條	19×1條	20×1條
No. 22・23鬆緊帶（袖口用・包含縫份2cm）	寬0.5cm	20×2條	21×2條	22×2條	23×2條	24.5×2條	26×2條	27.5×2條
No. 23沙典布蝴蝶結	小	12個	12個	12個	12個	12個	12個	12個

完成尺寸	尺寸	90	100	110	120	130	140	150
衣長		33.5	36	39.5	42.5	45.5	49.5	54

【紙型數量和原寸紙型刊載頁面】

前片-------- 紙型A面⑬・㉒・㉓

後片-------- 紙型A面⑬・㉒・㉓

袖子-------- 紙型A面⑬・㉒・㉓

＊未附部分直線紙型，請直接在布料上裁剪。

＊準備長一點的斜布條，配合各布料尺寸裁剪多餘部分。

▨ ＝原寸紙型

◆縫份尺寸…除指定處之外，縫份皆為1cm。

◆尺寸…從上至下90・100・110・120・130・140・150cm尺寸。

★＝摺雙位置展開布料裁剪。

No. 13 表布裁布圖

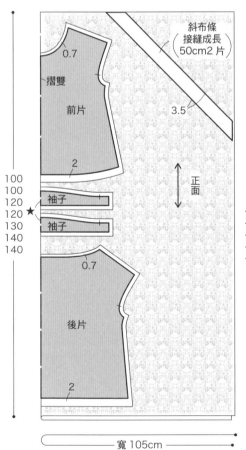

No. 22・23 表布裁布圖

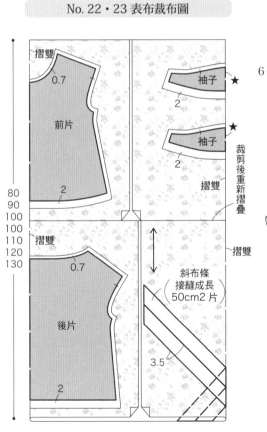

No. 13 製作順序

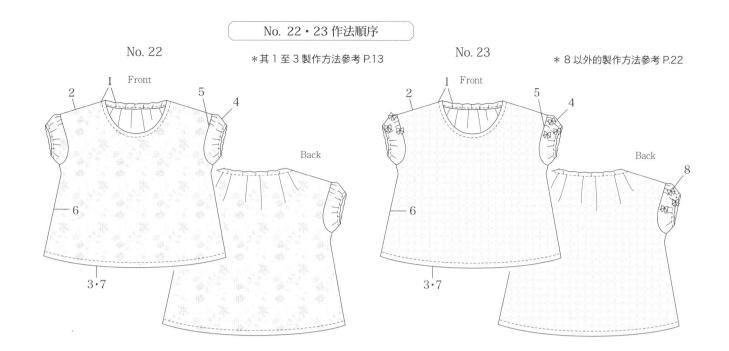

No. 22　　　　＊其1至3製作方法參考 P.13　　　　No. 23　　　　＊8 以外的製作方法參考 P.22

No. 13 製作方法

1 製作斜布條・車縫領圍

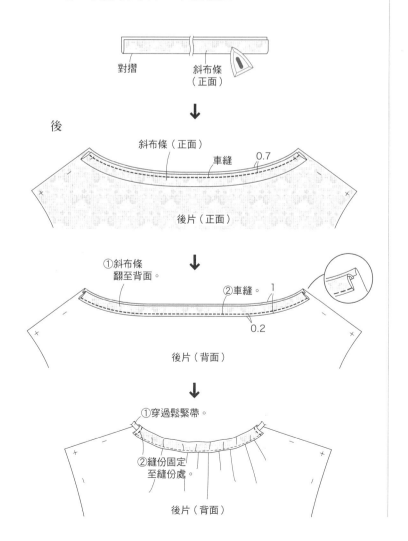

對摺　　　斜布條（正面）

後

斜布條（正面）

車縫　　0.7

後片（正面）

①斜布條
翻至背面。

②車縫。
1

0.2

後片（背面）

①穿過鬆緊帶。

②縫份固定
至縫份處。

後片（背面）

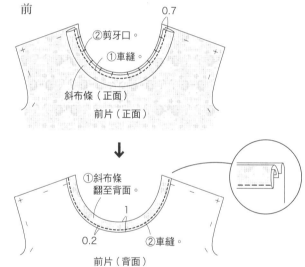

前　　　　　　0.7

②剪牙口。

①車縫。

斜布條（正面）

前片（正面）

①斜布條
翻至背面。

1

0.2　②車縫。

前片（背面）

2 車縫肩線・縫份倒向後側

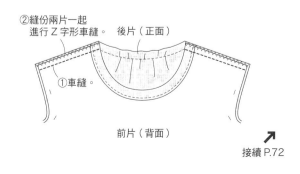

②縫份兩片一起
進行 Z 字形車縫。　後片（正面）

①車縫。

前片（背面）

接續 P.72

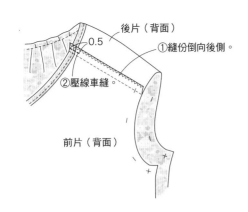

後片（背面）
0.5
①縫份倒向後側。
②壓線車縫。
前片（背面）

3 下襬三摺邊熨燙整理

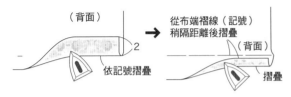

（背面）
2
依記號摺疊
從布端褶線（記號）
稍隔距離後摺疊
（背面）
摺疊

4 製作袖子

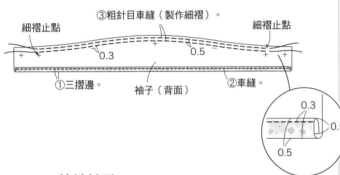

細褶止點
③粗針目車縫（製作細褶）。
細褶止點
0.3
0.5
①三摺邊。
袖子（背面）
②車縫。
0.3
0.5
0.5

5 接縫袖子

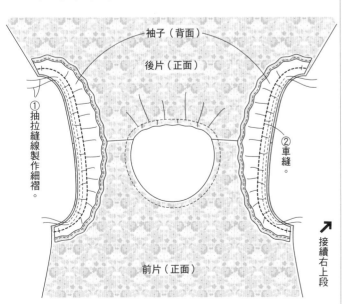

袖子（背面）
後片（正面）
①抽拉縫線製作細褶。
②車縫。
前片（正面）
接續右上段

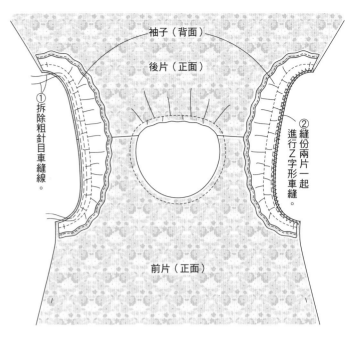

袖子（背面）
後片（正面）
①拆除粗針目車縫線。
②縫份兩片一起進行Z字形車縫。
前片（正面）

6 車縫脇邊・縫份倒向後側

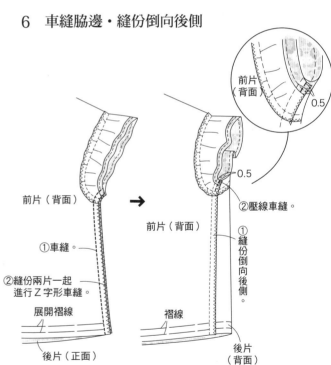

前片（背面）
①車縫。
②縫份兩片一起進行Z字形車縫。
展開褶線
後片（正面）
前片（背面）
0.5
②壓線車縫。
①縫份倒向後側。
褶線
後片（背面）
前片（背面）
0.5

7 下襬三摺邊車縫

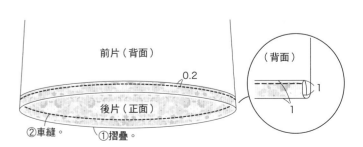

前片（背面）
0.2
後片（正面）
②車縫。
①摺疊。
（背面）
1
1

4 製作袖子

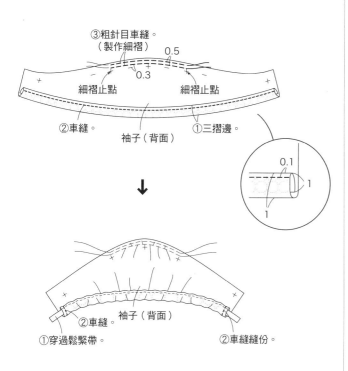

③粗針目車縫。
（製作細褶）
0.5
0.3
細褶止點　　　　　細褶止點
②車縫。　　　袖子（背面）　①三摺邊。

0.1
1
1

②車縫。　袖子（背面）
①穿過鬆緊帶。　　②車縫縫份。

5 接縫袖子

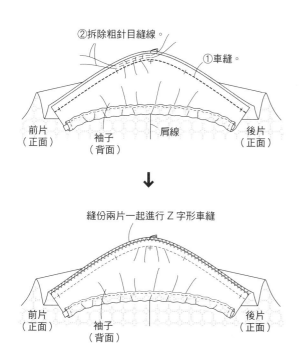

②拆除粗針目縫線。　　①車縫。
前片　　袖子　　肩線　　後片
（正面）（背面）　　　　　　（正面）

縫份兩片一起進行Z字形車縫
前片　　袖子　　　後片
（正面）（背面）　　（正面）

6 車縫脇線・縫份倒向後側

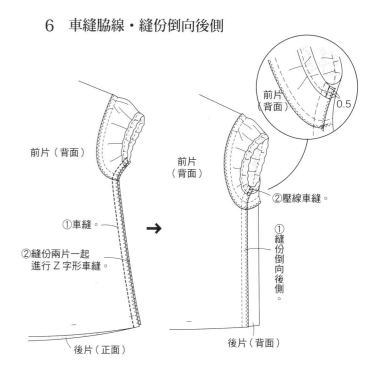

前片（背面）
前片（背面）
前片（背面）
0.5
②壓線車縫。
①車縫。
①縫份倒向後側。
②縫份兩片一起進行Z字形車縫。
後片（正面）
後片（背面）

7 下襬三摺邊車縫

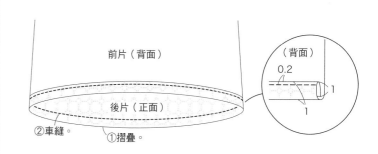

前片（背面）
（背面）
0.2
1
1
後片（正面）
②車縫。　①摺疊。

8 袖子裝上蝴蝶結

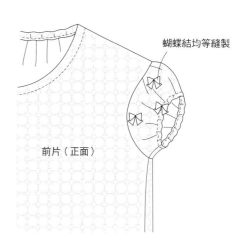

蝴蝶結均等縫製
前片（正面）

單位（cm）

【 紙型數量和
原寸紙型刊載頁面 】

前片--------- 紙型Ａ面⑳・㉑
後片--------- 紙型Ａ面⑳・㉑
袖子--------- 紙型Ａ面⑳・㉑
前裙片------ 紙型Ａ面⑳・㉑
後裙片------ 紙型Ａ面⑳・㉑
前腰帶------ 紙型Ａ面⑳・㉑
後腰帶------ 紙型Ａ面⑳・㉑
袋布--------- 紙型Ａ面⑳・㉑

材料	尺寸	90	100	110	120	130	140	150
No.20表布〈Lawn〉	寬110cm	140	150	180	190	200	230	240
No.21表布〈針織布〉	寬150cm	40	50	50	50	60	60	60
No.21別布〈平紋布〉	寬110cm	110	120	130	140	150	160	170
黏著襯條	寬1cm	40	40	40	40	40	40	40
鬆緊帶（後領圍用・包含縫份2cm）寬0.5cm		15.5×1條	16×1條	17×1條	17.5×1條	18×1條	19×1條	20×1條
鬆緊帶（腰圍用・包含縫份2cm）寬2.5cm		50×1條	52×4條	54×1條	57×1條	60×1條	64×1條	68×1條

完成尺寸	尺寸	90	100	110	120	130	140	150
衣長		51.5	56	61.5	67	72.5	78.5	86.5

▨=原寸紙型　▨=黏著襯條黏貼位置

◆縫份尺寸…除指定處之外，縫份皆為1cm。

◆尺寸…從上至下為90・100・110・120・130・140・150cm尺寸。

製作前的準備

＊貼上黏著襯…口袋口。
＊Z字形車縫…袋布底側。

*未附部分直線紙型，請直
　接在布料上裁剪。
*準備長一點的斜布條，配
　合各布料尺寸裁剪多餘部
　分。

No.20表布裁布圖

No.21表布裁布圖

No.21別布裁布圖

❤＝摺雙位置展開布料裁剪

製作方法順序

Front
No. 20
1
2
5
4
Back
6
11
7
12
3
9
8・10

Front
No. 21
1 製作斜布條・車縫領圍
Back

＊除1以外的作法參考No.20

No. 20 製作方法

1 製作斜布條・車縫領圍

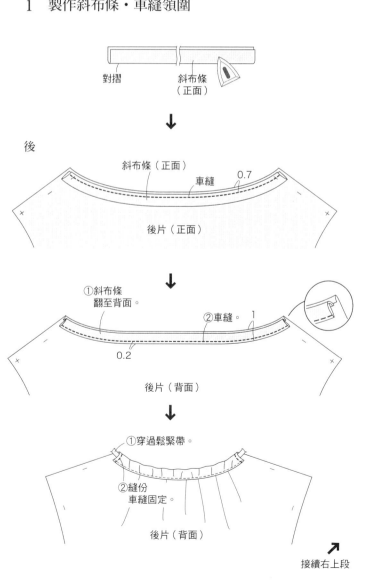

對摺
斜布條
（正面）

後

斜布條（正面）
車縫
0.7
後片（正面）

①斜布條
翻至背面。
②車縫。
1
0.2
後片（背面）

①穿過鬆緊帶。
②縫份
車縫固定。
後片（背面）

接續右上段

前

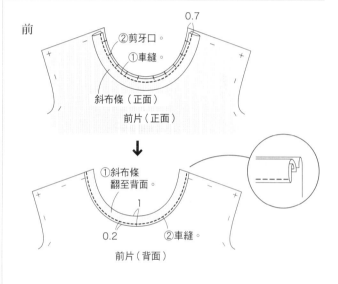

0.7
②剪牙口
①車縫
斜布條（正面）
前片（正面）

①斜布條
翻至背面。
0.2
②車縫。
前片（背面）

2 車縫肩線

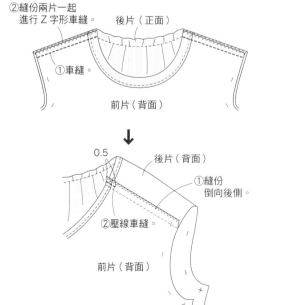

②縫份兩片一起
進行Z字形車縫。
後片（正面）
①車縫。
前片（背面）

0.5
後片（背面）
①縫份
倒向後側。
②壓線車縫。
前片（背面）

3 車縫脇邊

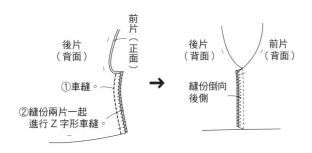

後片（背面）
前片（正面）
①車縫。
②縫份兩片一起進行Z字形車縫。

後片（背面）
前片（背面）
縫份倒向後側

4 製作袖子

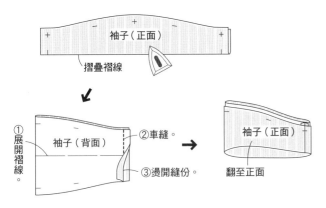

袖子（正面）
摺疊褶線

①展開褶線。
袖子（背面）
②車縫。
③燙開縫份。

袖子（正面）
翻至正面

5 接縫袖子

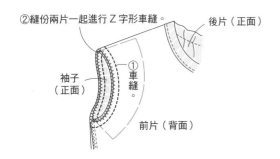

②縫份兩片一起進行Z字形車縫。
後片（正面）
袖子（正面）
①車縫。
前片（背面）

6 製作腰帶

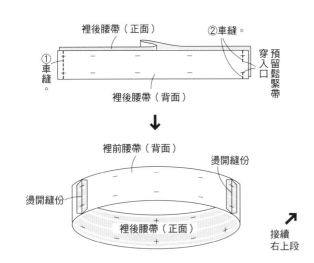

裡後腰帶（正面）
②車縫。
①車縫。
裡後腰帶（背面）
預留鬆緊帶穿入口

裡前腰帶（背面）
燙開縫份
燙開縫份。
裡後腰帶（正面）

接續右上段

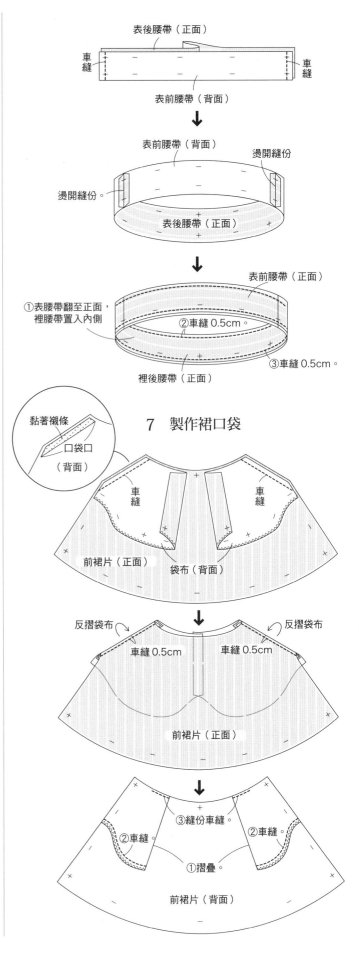

表後腰帶（正面）
車縫
車縫
表前腰帶（背面）

表前腰帶（背面）
燙開縫份
燙開縫份。
表後腰帶（正面）

①表腰帶翻至正面，裡腰帶置入內側。
表前腰帶（正面）
②車縫0.5cm。
③車縫0.5cm。
裡後腰帶（正面）

黏著襯條
口袋口（背面）

7 製作裙口袋

車縫
車縫
前裙片（正面）
袋布（背面）

反摺袋布
反摺袋布
車縫0.5cm
車縫0.5cm
前裙片（正面）

③縫份車縫。
②車縫。
②車縫。
①摺疊。
前裙片（背面）

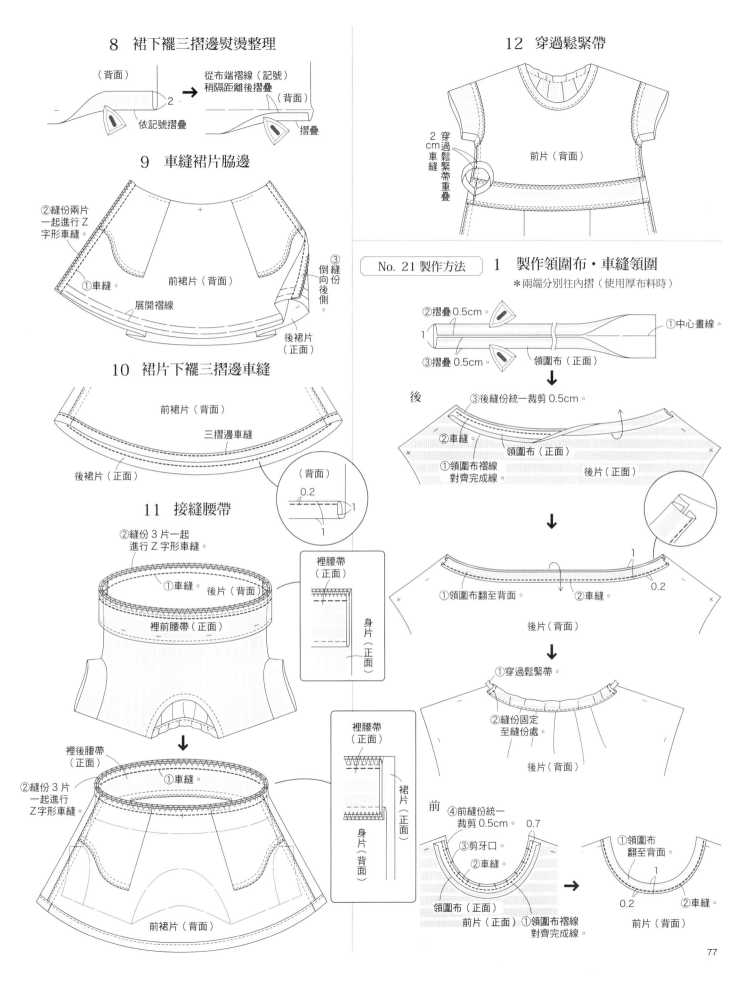

8 裙下襬三摺邊熨燙整理

（背面）

從布端褶線（記號）
稍隔距離後摺疊

（背面）

依記號摺疊

摺疊

9 車縫裙片脇邊

②縫份兩片
一起進行Z
字形車縫。

前裙片（背面）

①車縫。

展開褶線

③縫份倒向後側。

後裙片（正面）

10 裙片下襬三摺邊車縫

前裙片（背面）

三摺邊車縫

後裙片（正面）

（背面）

0.2

1

11 接縫腰帶

②縫份3片一起
進行Z字形車縫。

①車縫。 後片（背面）

裡前腰帶（正面）

裡腰帶（正面）

身片（正面）

裡後腰帶（正面）

②縫份3片一起進行Z字形車縫。

①車縫。

裡腰帶（正面）

裙片（正面）

身片（背面）

前裙片（背面）

12 穿過鬆緊帶

前片（背面）

2cm車縫 穿過鬆緊帶重疊

No. 21 製作方法

1 製作領圍布・車縫領圍

＊兩端分別往內摺（使用厚布料時）

②摺疊0.5cm。

③摺疊0.5cm。

①中心畫線。

領圍布（正面）

後

③後縫份統一裁剪0.5cm。

②車縫

領圍布（正面）

①領圍布褶線對齊完成線。

後片（正面）

①領圍布翻至背面。

②車縫。

1

0.2

後片（背面）

①穿過鬆緊帶。

②縫份固定至縫份處。

後片（背面）

前

④前縫份統一裁剪0.5cm。 0.7

③剪牙口。

②車縫。

領圍布（正面）

前片（正面）

①領圍布褶線對齊完成線。

①領圍布翻至背面。

1

0.2

②車縫。

前片（背面）

77

單位（cm）

材料	尺寸	90	100	110	120	130	140	150
No.18表布〈平織布〉	寬108cm	120	130	140	150	160	170	180
No.19表布〈棉麻Lawn〉	寬110cm	120	130	140	150	170	180	200
黏著襯條	寬10cm	10	10	10	10	10	10	10
鬆緊帶（後領圍用・包含縫份2cm） 寬0.5cm		15.5×1條	16×1條	17×1條	17.5×1條	18×1條	19×1條	20×1條
鬆緊帶（下襬用・包含縫份2cm） 寬0.5cm		12×2條	13×2條	13×2條	14×2條	14×2條	15×2條	15×2條

完成尺寸	尺寸	90	100	110	120	130	140	150
衣長		49.5	53.5	58.5	64.5	70	76.5	84

【紙型數量和原寸紙型刊載頁面】

前片-------------- 紙型A面⑱・⑲
後片-------------- 紙型A面⑱・⑲
口袋-------------- 紙型A面⑱・⑲
袖子-------------- 紙型A面⑱・⑲

＊未附部分直線紙型，請直接在布料上裁剪。
＊準備長一點的斜布條，配合各布料尺寸裁剪
　多餘部分。

＝原寸紙型
＝黏著襯條黏貼位置

◆縫份尺寸…除指定處之外，縫份皆為1cm。
◆尺寸…從上至下為90・100・110・120・130・
　　　140・150cm尺寸。

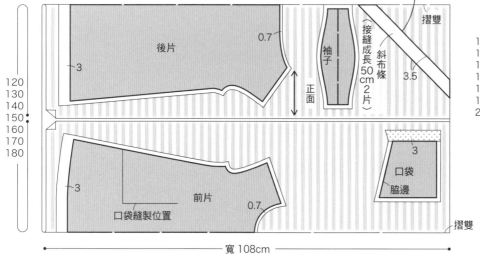

No. 18 表布裁布圖

No. 19 表布裁布圖

製作前的準備

＊貼上黏著襯…口袋貼邊
＊Z字形車縫…口袋中心側和底側

製作順序　（共通）

No. 18

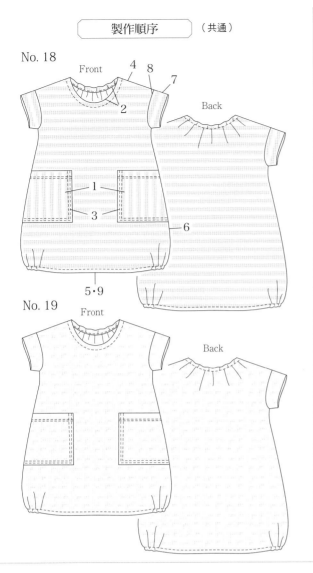

Front
4　8
7
2
1
3
6
5・9

Back

No. 19
Front

Back

製作方法

1　製作口袋

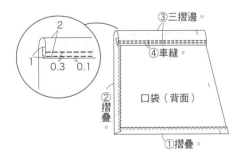

2
1　0.3　0.1

③三摺邊。
④車縫。
②摺疊
口袋（背面）
①摺疊。

2　製作斜布條・車縫領圍

對摺

斜布條
（正面）

接續
右上段

後

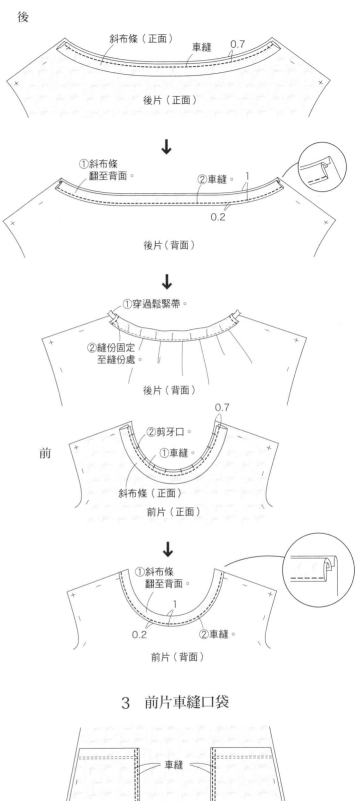

斜布條（正面）　車縫　0.7
後片（正面）

①斜布條
翻至背面。　②車縫。　1
0.2
後片（背面）

①穿過鬆緊帶。
②縫份固定
至縫份處。
後片（背面）

前

②剪牙口。　0.7
①車縫。
斜布條（正面）
前片（正面）

①斜布條
翻至背面。　1
0.2　②車縫。
前片（背面）

3　前片車縫口袋

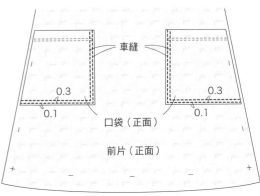

車縫
0.3
0.1
口袋（正面）
0.3
0.1
前片（正面）

4 車縫肩線・縫份倒向後側

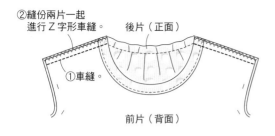

②縫份兩片一起進行Z字形車縫。
後片（正面）
①車縫。
前片（背面）

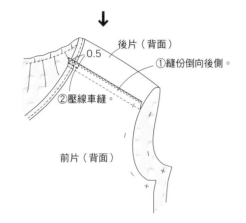

後片（背面）
0.5
①縫份倒向後側。
②壓線車縫。
前片（背面）

5 下襬三摺邊熨燙整理

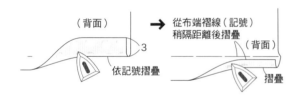

（背面）
3
依記號摺疊
從布端摺線（記號）稍隔距離後摺疊
（背面）
摺疊

6 車縫脇邊・縫份倒向後側

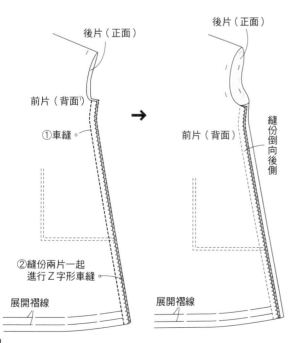

後片（正面）
前片（背面）
①車縫。
②縫份兩片一起進行Z字形車縫。
展開摺線
後片（正面）
前片（背面）
縫份倒向後側
展開摺線

7 製作袖子

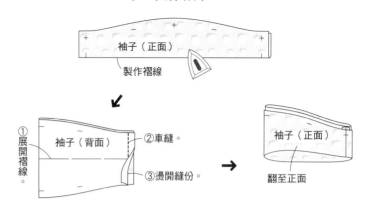

袖子（正面）
製作摺線
①展開摺線。
袖子（背面）
②車縫。
③燙開縫份。
袖子（正面）
翻至正面

8 接縫袖子

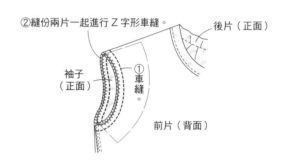

②縫份兩片一起進行Z字形車縫。
後片（正面）
袖子（正面）
①車縫。
前片（背面）

9 下襬裝上鬆緊帶・三摺邊車縫

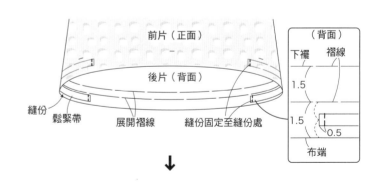

前片（正面）
後片（背面）
縫份
鬆緊帶
展開摺線
縫份固定至縫份處
（背面）
下襬　摺線
1.5
1.5
0.5
布端

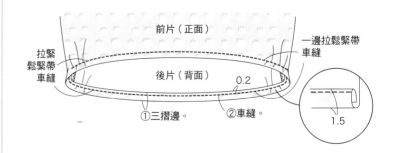

前片（正面）
一邊拉鬆緊帶車縫
拉緊鬆緊帶車縫
後片（背面）
0.2
①三摺邊。
②車縫。
1.5

P.26 No.24・P.27 No.25

單位（cm）

材料	尺寸	90	100	110	120	130	140	150
No.24表布〈60Lawn蕾絲〉	寬98cm	100	110	120	140	150	220	240
No.25表布〈格紋布〉	寬110cm	100	110	120	140	150	190	200
No.24別布〈雙層紗〉	寬108cm	70	80	80	90	90	100	110
No.25別布〈Chambray〉	寬110cm	70	80	80	90	90	100	110
黏著襯條	寬1cm	30	30	30	30	30	40	40
鬆緊帶（包含縫份2cm）	寬2.5cm	46×1條	48×1條	50×1條	52×1條	55×1條	58×1條	60×1條

完成尺寸	尺寸	90	100	110	120	130	140	150
前裙長（不包括腰帶）		26	28.5	31.5	34.5	38	41.5	46

【紙型數量和原寸紙型刊載頁面】

前裙片-------------- 紙型A面㉔・㉕
後裙片-------------- 紙型A面㉔・㉕
袋布-------------- 紙型A面㉔・㉕
前褲管-------------- 紙型A面㉔・㉕
後褲管-------------- 紙型A面㉔・㉕
前腰帶-------------- 紙型A面㉔・㉕
後腰帶-------------- 紙型A面㉔・㉕

製作順序 （共通）

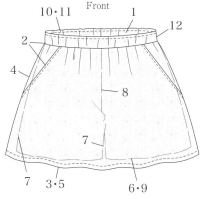

Front

Back

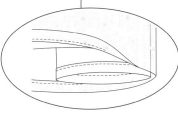

No. 24・25 表布裁布圖

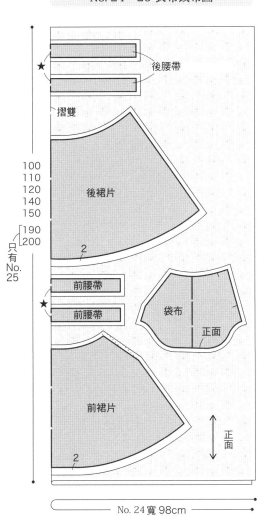

後腰帶

摺雙

100
110
120
140
150

190
200

只有No.25

後裙片

2

前腰帶

前腰帶

袋布

正面

前裙片

正面

2

No. 24 寬98cm
No. 25 寬110 cm

=原寸紙型

=黏著襯條黏貼位置

◆縫份尺寸…除指定處之外，縫份皆為1cm。

◆尺寸…從上至下為90・100・110・120・130・140・150cm尺寸。

★=摺雙位置展開布料裁剪。

No. 24・25 別布裁布圖

正面

70
80
80
90
90
100
110

摺雙

前褲管

2

後褲管

2

No. 24 寬 108cm
No. 25 寬 110 cm

（No. 24 140cm・150cm 尺寸裁布圖）

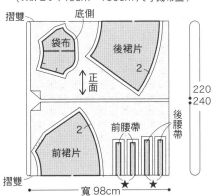

摺雙

底側

袋布

後裙片

正面

2

2

前裙片

摺雙

前腰帶

後腰帶

寬98cm

220
240

製作前的準備

＊貼上黏著襯…口袋口

＊Z字形車縫…袋布底側

1 製作腰帶

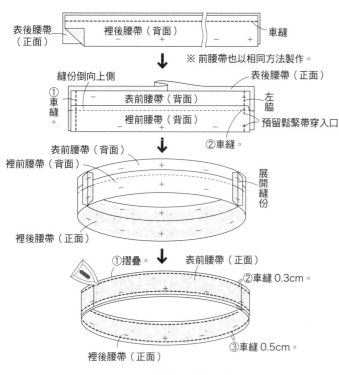

表後腰帶（正面）
裡後腰帶（背面）
車縫

※前腰帶也以相同方法製作。

縫份倒向上側
表後腰帶（正面）
①車縫。
表前腰帶（背面）
左脇
裡前腰帶（背面）
預留鬆緊帶穿入口
②車縫。

表前腰帶（背面）
裡前腰帶（背面）
展開縫份
裡後腰帶（正面）

①摺疊。
表前腰帶（正面）
②車縫0.3cm。
裡後腰帶（正面）
③車縫0.5cm。

2 裙片接縫口袋

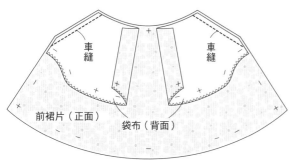

車縫
車縫
前裙片（正面）
袋布（背面）

反摺袋布
反摺袋布
車縫0.5cm
車縫0.5cm
前裙片（正面）

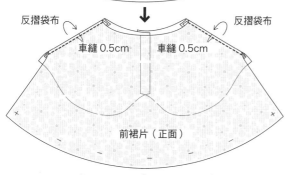

③縫份車縫。
②車縫。
②車縫。
①摺疊。
前裙片（背面）

3 裙片下襬三摺邊熨燙整理

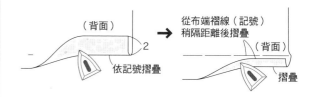

（背面）
從布端摺線（記號）稍隔距離後摺疊
（背面）
依記號摺疊
摺疊

4 車縫裙片脇邊

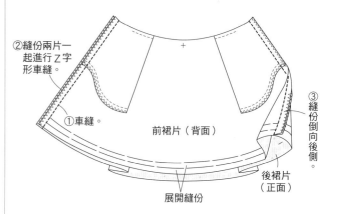

②縫份兩片一起進行Z字形車縫。
③縫份倒向後側。
①車縫。
前裙片（背面）
後裙片（正面）
展開縫份

5 裙片下襬三摺邊車縫

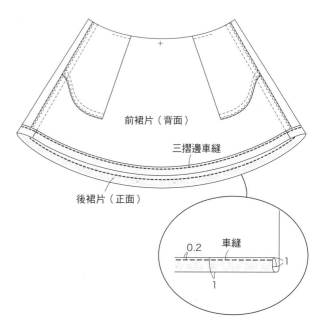

前裙片（背面）
三摺邊車縫
後裙片（正面）

0.2
車縫
1
1

6 褲管下襬三摺邊熨燙整理

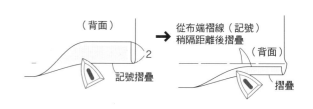

（背面）
從布端摺線（記號）稍隔距離後摺疊
（背面）
記號摺疊
摺疊

7 車縫脇邊‧股下

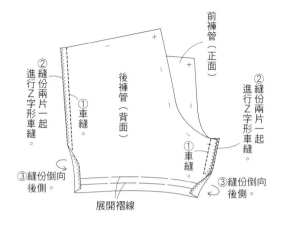

②縫份兩片一起進行Z字形車縫。

①車縫。

前褲管（正面）

後褲管（背面）

②縫份兩片一起進行Z字形車縫。

①車縫。

③縫份倒向後側。

③縫份倒向後側。

展開褶線

8 車縫股上

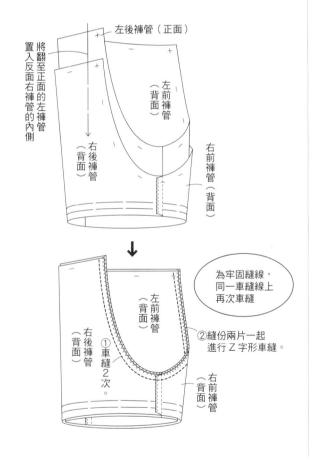

左後褲管（正面）

將翻至正面的左褲管置入反面右褲管的內側

左前褲管（背面）

右後褲管（背面）

右前褲管（背面）

左前褲管（背面）

右後褲管（背面）

①車縫2次。

②縫份兩片一起進行Z字形車縫。

右前褲管（背面）

為牢固縫線，同一車縫線上再次車縫

9 褲管下襬三摺邊車縫

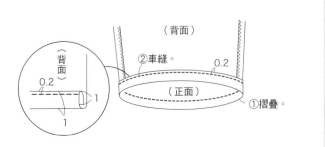

（背面）

②車縫。

0.2

（背面）

0.2

1

1

（正面）

①摺疊。

10 褲管翻至正面，接縫腰帶

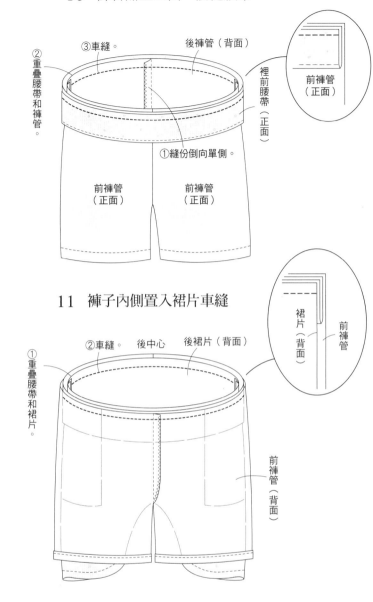

②重疊腰帶和褲管。

③車縫。

後褲管（背面）

裡前腰帶（正面）

①縫份倒向單側。

前褲管（正面）

前褲管（正面）

前褲管（正面）

11 褲子內側置入裙片車縫

①重疊腰帶和裙片。

②車縫。　後中心　後裙片（背面）

裙片（背面）

前褲管

前褲管（背面）

12 穿過鬆緊帶

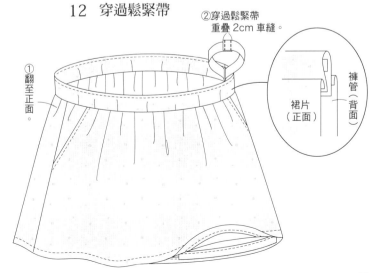

②穿過鬆緊帶重疊2cm車縫。

①翻至正面。

裙片（正面）

褲管（背面）

83

單位（cm）

材料	尺寸	90	100	110	120	130	140	150
No.26表布〈棉質布〉	寬110cm	90	100	110	110	120	130	140
No.27表布〈棉布〉	寬110cm	90	100	110	110	140	140	140
黏著織帶	寬40cm	20	20	20	20	20	20	20
釦子	直徑2.3cm	2個	2個	2個	2個	2個	2個	2個
鬆緊帶（包含縫份2cm）	寬2.5cm	46	48	50	52	55	58	60

完成尺寸	尺寸	90	100	110	120	130	140	150
前褲長（不包括腰帶）		22.5	24.5	27.5	30.5	34	38	42

【紙型數量和原寸紙型刊載頁面】

前褲管------------------ 紙型 D 面 ㉖・㉗
後褲管------------------ 紙型 D 面 ㉖・㉗
袋蓋-------------------- 紙型 D 面 ㉖・㉗
袋布-------------------- 紙型 D 面 ㉖・㉗
腰帶-------------------- 紙型 D 面 ㉖・㉗

No. 26・27 表布裁布圖

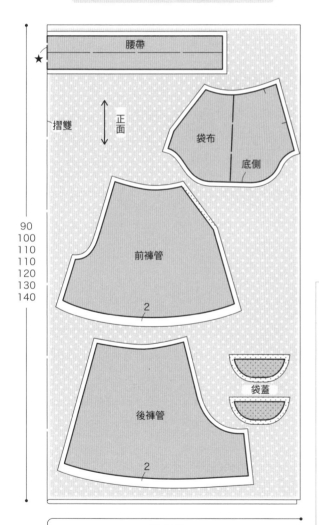

= 原寸紙型
= 黏著襯條黏貼位置
◆縫份尺寸…除指定處之外，縫份皆為1cm。
◆尺寸…從上至下為90・100・110・120・130・
　　　　140・150cm尺寸。
★＝摺雙位置展開布料裁剪。

製作順序　　＊8 的製作方法參考 p.87

Front

Back

製作前的準備

＊貼上黏著襯…口袋口・袋蓋
＊Z字形車縫…袋布底側

製作方法

1　製作腰帶

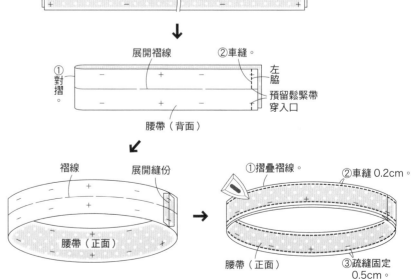

2 製作袋蓋

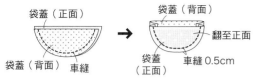

袋蓋（正面） → 袋蓋（背面）
袋蓋（背面） 車縫 翻至正面
車縫 0.5cm
袋蓋（正面）

3 製作口袋

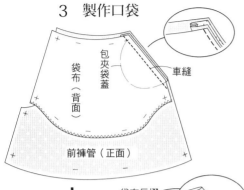

包夾袋蓋
袋布（背面）
車縫
前褲管（正面）

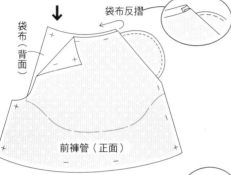

袋布反摺
袋布（背面）
前褲管（正面）

反摺
車縫 0.5cm

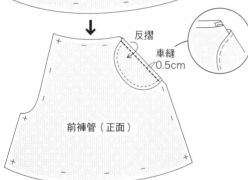

③縫份車縫。
②車縫。
①摺疊。
前褲管（背面）
前褲管（正面）

4 下襬三摺邊熨燙整理

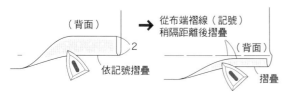

（背面）
→ 從布端褶線（記號）
稍隔距離後摺疊
（背面）
依記號摺疊 摺疊
2

5 車縫脇邊・股下

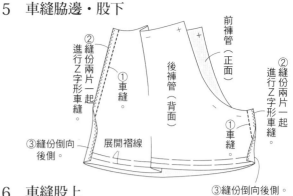

②縫份兩片一起進行Z字形車縫。
前褲管（正面）
①車縫。
後褲管（背面）
②縫份兩片一起進行Z字形車縫。
①車縫。
③縫份倒向後側。
展開褶線
③縫份倒向後側。

6 車縫股上

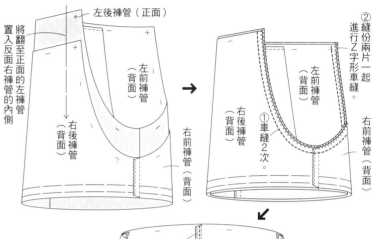

將翻至正面的左褲管置入反面右褲管的內側
左後褲管（正面）
左前褲管（背面）
右後褲管（背面）
右前褲管（背面）
→
②縫份兩片一起進行Z字形車縫。
右後褲管（背面）
左前褲管（背面）
①車縫2次。
右前褲管（背面）

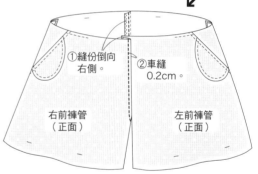

①縫份倒向右側。
②車縫 0.2cm。
右前褲管（正面）
左前褲管（正面）

7 下襬三摺邊車縫

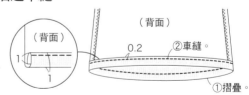

（背面）
（背面）
②車縫
0.2
1
1
①摺疊。

9 穿過鬆緊帶・裝上釦子

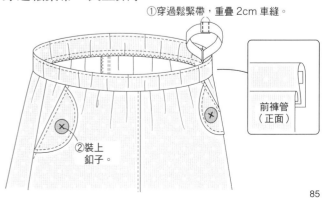

①穿過鬆緊帶，重疊 2cm 車縫。
前褲管（正面）
②裝上釦子。

P.30 No.28・P.31 No.29

單位（cm）

材料	尺寸	90	100	110	120	130	140	150
No.28表布（棉布）	寬110cm	90	100	110	110	120	130	140
No.29表布（棉質布）	寬110cm	90	100	110	110	120	130	140
黏著織帶	寬1cm	30	30	30	30	30	40	40
鬆緊帶（包含縫份2cm）	寬2.5cm	46	48	50	52	55	58	60

完成尺寸	尺寸	90	100	110	120	130	140	150
前褲長（不包括腰帶）		22	23.5	25.5	28	30.5	33.5	36.5

【紙型數量和原寸紙型刊載頁面】

前褲管----------------- 紙型D面㉘・㉙
後褲管----------------- 紙型D面㉘・㉙
袋布------------------- 紙型D面㉘・㉙
腰帶------------------- 紙型D面㉘・㉙

No.28・29 表布裁布圖

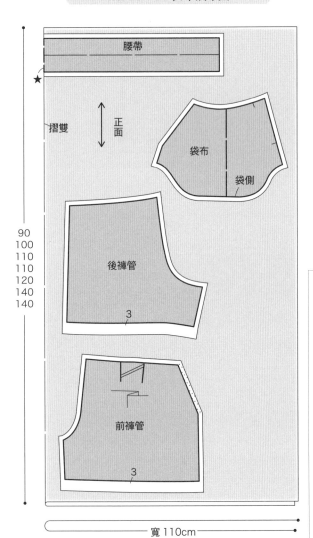

寬110cm

▨ ＝原寸紙型
▨ ＝黏著襯條黏貼位置

◆縫份尺寸…除指定處之外，縫份皆為1cm。
◆尺寸…從上至下為90・100・110・120・130・140・150cm尺寸。
★＝摺雙位置展開布料裁剪。

製作順序

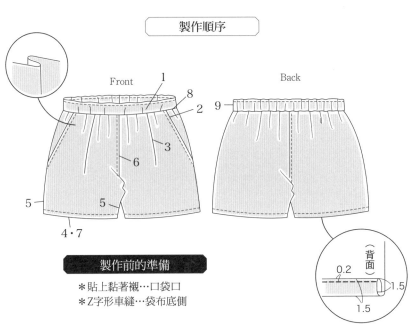

製作前的準備

＊貼上黏著襯…口袋口
＊Z字形車縫…袋布底側

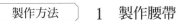

製作方法　1　製作腰帶

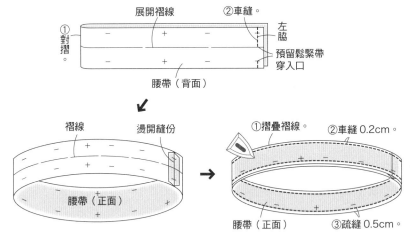

2 製作口袋

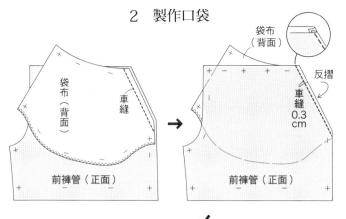

袋布（背面）
袋布（背面）
反摺
車縫
車縫
0.3
cm
袋布（背面）
車縫
前褲管（正面）
前褲管（正面）

③縫份車縫。
①摺疊。
②車縫。
前褲管（背面）

3 摺疊褶襉

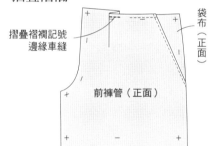

摺疊褶襉記號
邊緣車縫
袋布（正面）
前褲管（正面）

4 下襬三摺邊熨燙整理

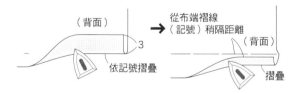

（背面）
3
依記號摺疊
從布端褶線（記號）稍隔距離
（背面）
摺疊

5 脇線・股下車縫

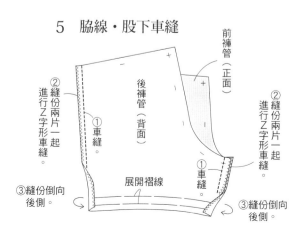

②縫份兩片一起進行Z字形車縫。
①車縫。
③縫份倒向後側。
前褲管（正面）
後褲管（背面）
②縫份兩片一起進行Z字形車縫。
①車縫。
③縫份倒向後側。
展開褶線

6 車縫股上

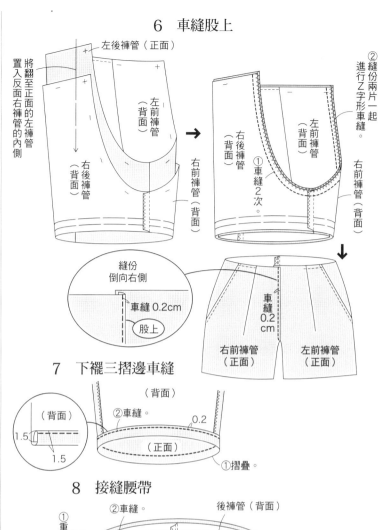

左後褲管（正面）
將翻至正面的左褲管置入反面右褲管的內側
右後褲管（背面）
左前褲管（背面）
右前褲管（背面）
②縫份兩片一起進行Z字形車縫。
右後褲管（背面）
左前褲管（背面）
右前褲管（背面）
①車縫2次。
縫份倒向右側
車縫0.2cm
股上
車縫0.2cm
右前褲管（正面）
左前褲管（正面）

7 下襬三摺邊車縫

（背面）
（背面）
②車縫。
0.2
（正面）
1.5
1.5
①摺疊。

8 接縫腰帶

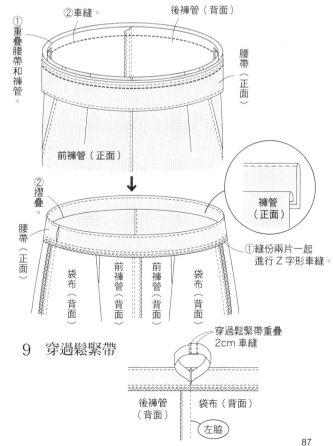

②車縫。
後褲管（背面）
①重疊腰帶和褲管。
腰帶（正面）
前褲管（正面）
②摺疊。
腰帶（正面）
褲管（正面）
①縫份兩片一起進行Z字形車縫。
袋布（背面）
前褲管（背面）
前褲管（背面）
袋布（背面）

9 穿過鬆緊帶

穿過鬆緊帶重疊2cm車縫
後褲管（背面）
袋布（背面）
左脇

材料
- A布（亞麻布 素面）寬105cm×35cm
- B布（棉 印花）寬60cm×35cm
- 黏著襯 寬60cm×35cm

＊未附部分直線紙型，請直接在布料上裁剪。
＊準備長一點的斜布條，配合各布料尺寸裁剪多餘部分。
◆縫份尺寸…除指定處之外，縫份皆為1cm。

材料
- A布（亞麻布 素面）寬40cm×20cm
- 鬆緊髮圈 2 個

▨ ＝黏著襯條黏貼位置

A布裁布圖

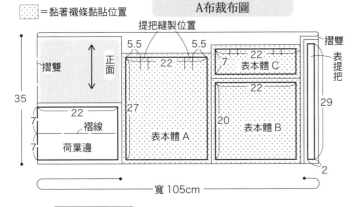

B布裁布圖

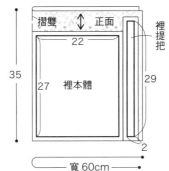

A布裁布圖

◆縫份尺寸 全部1cm

製作方法

1 製作荷葉邊・接縫

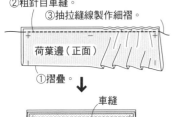
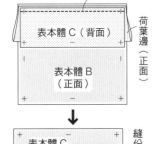
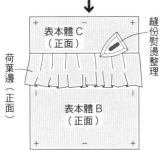

2 製作提把

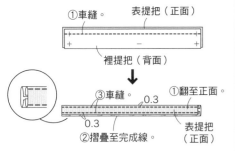

3 表本體接縫提把

※ 表本體 C 也以相同方法車縫。

4 重疊表本體和裡本體，車縫袋口

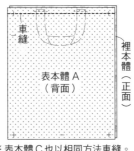

※ 表本體 C 也以相同方法車縫。

5 袋口為中心，車縫脇邊和底邊

6 返口翻至正面

7 車縫袋口

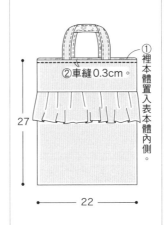

蝴蝶結 原寸紙型

製作方法

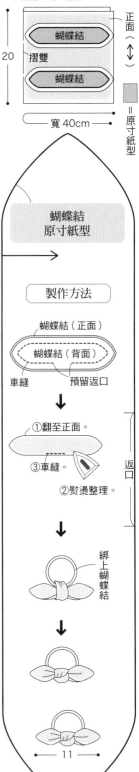

Sewing 縫紉家 36

LaLaDress
設計師媽咪親手作
可愛小女孩的日常＆外出服

作　　者／鳥巢彩子
譯　　者／洪鈺惠
發 行 人／詹慶和
執行編輯／劉蕙寧
編　　輯／黃璟安・陳姿伶・詹凱雲
封面設計／韓欣恬
美術編輯／陳麗娜・周盈汝
內頁排版／韓欣恬
出 版 者／雅書堂文化事業有限公司
發 行 者／雅書堂文化事業有限公司
郵撥帳號／18225950　郵政劃撥戶名：雅書堂文化事業有限公司
地　　址／新北市板橋區板新路206號3樓
網　　址／www.elegantbooks.com.tw
電子郵件／elegant.books@msa.hinet.net
電　　話／(02)8952-4078
傳　　真／(02)8952-4084

2020年04月初版一刷
2023年09月二版一刷　定價 420 元

Lady Boutique Series No.4632
LALA DRESS ODORIDASHITAKU NARU ONNANOKO NO FUKU
© 2018 Boutique-sha, Inc.
All rights reserved.
Original Japanese edition published in Japan by BOUTIQUE-SHA.
Chinese (in complex character) translation rights arranged with BOUTIQUE-SHA
through Keio Cultural Enterprise Co., Ltd., New Taipei City, Taiwan.

經銷／易可數位行銷股份有限公司
地址／新北市新店區寶橋路235巷6弄3號5樓
電話／(02)8911-0825　傳真／(02)8911-0801

國家圖書館出版品預行編目(CIP)資料

設計師媽咪親手作・可愛小女孩的日常＆外出服/ 鳥巢彩子著; 洪鈺惠譯.
-- 二版. – 新北市：雅書堂文化, 2023.09
　面；　公分. -- (Sewing 縫紉家 ; 36)
ISBN　978-986-302-684-6(平裝)

1.縫紉 2.衣飾 3.手工藝

426.3　　　　　　　　　　　　　　112013171

作者

鳥巢彩子

株式會社dot.design社長
日本女子大學家政學部服裝科畢業。因為結婚生子而辭去工作。從以前就很喜歡手作，因此在這段期間便開始製作嬰兒和小孩服。接下來5年，作品都在附近的精品店寄賣，之後成立嬰兒＆兒童服品牌「LaLaDress」。現在在百貨公司或專賣店都有販賣，並與雜誌VERY、服裝品牌SHIPS共同開發商品，以母親為出發點的商品受到廣大支持。2018年6月開始成立手作教室。

Staff

編輯擔當／名取美香　関口恭子　松岡陽子　上野史央
作品製作／鳥巢彩子　榎田孝子
紙型製作／小野田真由美
作品製作管理／伏見ひとみ
攝影／奧川純一（封面・插圖）　腰塚良彦（作法）
　　　藤田律子（P.1靜物.34）
髮妝／三輪昌子
書籍設計／梅宮真紀子　牧陽子（作法）
原寸紙型／山科文子
插圖／小崎珠美
紙型放版／長浜恭子
編輯協力／飯沼千晶

LaLaDress

LaLaDress

LaLa Dress